ハイブリッド自動車用
リチウムイオン電池

金村聖志【編著】

日刊工業新聞社

はじめに

　電気自動車の発展は目覚ましいものがある。電気自動車の心臓部は蓄電池であり、より高性能な電池が求められている。現時点で電気自動車に搭載可能な電池はリチウムイオン電池である。ニッケル水素電池も搭載可能であるが、エネルギー密度の点でリチウムイオン電池が有利である。電気自動車には、ハイブリッド自動車、プラグインハイブリッド自動車、ピュアー電気自動車、燃料電池自動車があり、すべての電気自動車が蓄電池を使用するが、その中でもハイブリッド自動車が大きく普及しつつあり、プラグインハイブリッド自動車も市場に展開されつつある。しかしながら、これらの電気自動車に用いられる蓄電池の性能は十分とは言えない。
　ハイブリッド自動車用のリチウムイオン電池と携帯電話用のリチウムイオン電池では、同じリチウムイオン電池でありながら、それらの電池の技術は大きく異なる。ハイブリッド自動車用リチウムイオン電池の場合には、高い出力特性と適度なエネルギー密度が必要である。また、充電受け入れ性能も高くなくてはならない。携帯電話用のリチウムイオン電池の場合にはエネルギー密度が問題となっているが、出力特性はそれほど大きくなくてもよい。ハイブリッド自動車用の蓄電池がこのような要件を満足するためには、新しい材料の開発や新規な電池技術の開発が求められる。
　本書では、リチウムイオン電池の基礎的なことを含め、ハイブリッド自動車用電池への適用を想定した部材技術、電池技術、電池制御などをまとめた。各部材の特性を活かし、蓄電池を作製する上で本書から得られる情報は読者にとって有益なものとなると思われる。また、電池の初心者にもぜひ一読していただきたい。

目次

はじめに ··· i

第Ⅰ部 基本編

第1章 リチウムイオン電池の原理と構成

1.1 リチウムイオン電池の充放電機構 ···································· 2
1.2 電池内で生じる不可逆反応と容量バランス ······················ 14
1.3 電池の寿命 ·· 17
1.4 電池制御 ··· 19

第2章 自動車用リチウムイオン電池の開発動向

2.1 自動車用リチウムイオン電池の要求特性 ·························· 20
2.2 エネルギー密度の改善 ·· 21
2.3 入力特性の改善 ··· 22
2.4 安全性 ·· 23
2.5 寿命 ··· 24
2.6 電池のリサイクル ·· 24

第3章 ハイブリッド自動車のしくみ

3.1 内燃機関の課題 ··· 26
3.2 内燃機関のエネルギー対策 ·· 28
3.3 低エネルギー効率の内燃機関を高効率の電気駆動で補う
    ハイブリッド自動車 ·· 31

3.4	自動車の電気駆動システム	32
3.5	ハイブリッド自動車システムの作動	35
3.6	プラグインハイブリッド自動車	38
3.7	自動車のエネルギー効率の向上	39
3.8	自動車走行に必要とされる出力	42
3.9	車両の得る加速度	46
3.10	自動車のエネルギー消費量	49

第Ⅱ部 部材編

負極剤

1.	炭素系負極材料	52
1.1	炭素系負極の機能と問題点	52
1.2	炭素系負極材料の変遷	54
1.3	黒鉛負極の特性	56
1.4	黒鉛負極上での皮膜	60
1.5	難黒鉛化炭素負極の特性	65
2.	高入出力用炭素材料	67
2.1	リチウムイオン電池の内部抵抗の低減	67
2.2	高出力用易黒鉛化性コークス	74
2.3	高入出力ハードカーボン負極	75

正極材

1.	リチウムイオン電池用正極材料開発の歴史	78
1.1	層状岩塩化合物	78

- 1.2 スピネル型マンガン化合物 ……………………………………… 80
- 1.3 酸素酸塩化合物 …………………………………………………… 82
- 1.4 オリビン型化合物 ………………………………………………… 84
- 1.5 遷移金属複合型層状化合物 ……………………………………… 86
- 1.6 リチウム過剰層状化合物 ………………………………………… 88
- 1.7 新規酸素酸塩鉄系化合物 ………………………………………… 90
2. 高電圧発生正極 …………………………………………………………… 92
3. ナトリウムイオン電池用正極材料 ……………………………………… 93

電 解 質

1. リチウムイオン電池の電解質の種類 ………………………………… 102
2. 有機溶媒電解液 ………………………………………………………… 105
   - 2.1 有機溶媒電解液の基本構成 …………………………………… 105
   - 2.2 有機溶媒電解液の構造・物性と電池特性 …………………… 111
3. 自動車用電池の要求性能と電解質 …………………………………… 117
   - 3.1 高出力・高エネルギー密度化への対応 ……………………… 117
   - 3.2 安全性と信頼性への対応 ……………………………………… 121
4. イオン液体電解質の開発 ……………………………………………… 125
   - 4.1 イオン液体とは ………………………………………………… 125
   - 4.2 イオン液体の解離度 …………………………………………… 125
   - 4.3 イオン液体の低粘性化 ………………………………………… 127
   - 4.4 イオン液体中のリチウムイオンの溶媒和 …………………… 130

セパレータ

1. セパレータの役割 ……………………………………………………… 134
2. セパレータに求められる各種特性 …………………………………… 135

2.1　厚み··· *135*
　2.2　孔径··· *136*
　2.3　濡れ性··· *138*
　2.4　イオン透過性··· *139*
　2.5　機械的強度··· *139*
　2.6　熱的寸法安定性·· *140*
　2.7　コスト··· *143*
3.　セパレータの種類と製造方法·································· *143*
　3.1　微多孔膜··· *143*
　3.2　不織布膜··· *148*
4.　次世代セパレータの研究開発と展望·························· *150*
　4.1　セパレータ材料の新展開································· *150*
　4.2　セパレータの構造制御···································· *151*

バインダー

1.　バインダーの新たな機能の開発································ *155*
2.　電極製造工程におけるバインダーの役割····················· *156*
3.　バインダー材料の現状·· *158*
　3.1　溶剤系バインダー··· *159*
　3.2　水系バインダー·· *160*
　3.3　$LiCoO_2$ 正極用ラテックスバインダー················ *162*
4.　ポリアクリル酸系バインダー·································· *166*
　4.1　機能性バインダー··· *167*
　4.2　次世代型シリコン系負極用ポリアクリル酸系バインダー······ *169*
　4.3　シリコン系負極用天然高分子バインダー··············· *173*

索　引·· *177*

編著者

金村　聖志（かなむら　きよし）
首都大学東京　大学院都市環境科学研究科　教授

執筆者

第Ⅰ部
第1章　リチウムイオン電池の原理と構成
　金村　聖志（首都大学東京　大学院都市環境科学研究科　教授）
第2章　自動車用リチウムイオン電池の開発動向
　金村　聖志（首都大学東京　大学院都市環境科学研究科　教授）
第3章　ハイブリッド自動車のしくみ
　堀江　英明（東京大学　生産技術研究所　特任教授）

第Ⅱ部　部材編
負極材
　安部　武志（京都大学　大学院工学研究科　教授）
正極材
　山田　淳夫（東京大学　大学院工学系研究科　教授）
電解質
　森田　昌行（山口大学　大学院理工学研究科　教授）
　藤井　健太（山口大学　大学院理工学研究科　准教授）
セパレータ
　棟方　裕一（首都大学東京　大学院都市環境科学研究科　助教）
バインダー
　駒場　慎一（東京理科大学　理学部第一部応用化学科　教授）
　山際　清史（東京理科大学　理学部第一部応用化学科　助教）

第Ⅰ部
基本編

第Ⅰ部 基本編

第1章 リチウムイオン電池の原理と構成

　リチウムイオン電池は、リチウム（Li$^+$）イオンが活物質の構造内に挿入・脱離することで電池の充電および放電が生じる蓄電池である。この反応は鉛蓄電池やニッケルカドミウム電池とは異なる。このことが電池のエネルギー密度に大きく関連する。また、従来の電池で使用されてきた電解液はアルカリ性あるいは酸性の水溶液であるが、リチウムイオン電池では有機溶媒系の電解液が用いられている。この点も電池の構造に大きく影響を及ぼし、特に出力密度の点において大きな違いを生じる。また、電池に使用する材料の特性に依存して、それぞれの電池の構造が異なる。これらの点について、電池の基礎的な立場から説明する。

1.1　リチウムイオン電池の充放電機構

（1）活物質の反応

　リチウムイオン電池の正極も負極も、活物質を構成する母体が固体状態で酸化・還元反応し、それに伴ってLi$^+$イオンが構造内へ挿入、あるいは構造内から脱離する反応が生じることで機能する。したがって、固体内で電子とイオンの移動が同時に生じながら活物質の充放電反応が進行する。

　図1に、電子の移動とイオンの移動を伴う固相酸化還元反応の一般的な様子を示す。Li$^+$イオンの出入りは、活物質と電解質が接触している界面で生じる。電子の出入りは、集電体と活物質の接触界面で生じる。電子とイオンの移動が別々に生じることにより電極反応は進行する。電解質中においてLi$^+$イオンは、

第1章 リチウムイオン電池の原理と構成

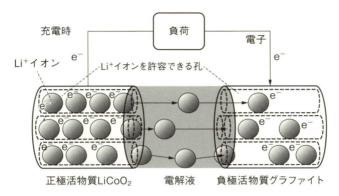

図1 電子の移動とイオンの移動を伴う固相酸化還元反応の一般的な様子

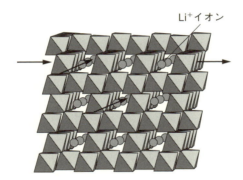

図2 スピネル構造中のLi⁺イオンが安定に存在するサイトと移動する際の経路

溶媒和された状態でエネルギー的に安定化されている。活物質にLi^+イオンが挿入される場合や、活物質から脱離して溶出する場合には、脱溶媒和あるいは溶媒和現象が生じる。固体内のLi^+イオンは結晶構造内部の安定な場所に存在し、さらには固体内を移動する。移動する際のエネルギー障壁が大きい場合、Li^+イオンの拡散過程が阻害され、電気化学反応が円滑に進行しなくなる。

図2に、スピネル構造中のLi^+イオンが安定に存在するサイトと移動する際の経路について示す。この際、遷移金属イオンの価数は変化し、同時にLi^+イオンの移動が生じる。活物質はLi^+イオンの貯蔵庫として機能し、電池の充放

3

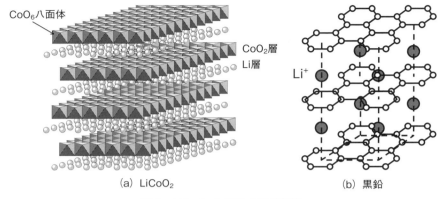

(a) LiCoO$_2$ (b) 黒鉛

図3　LiCoO$_2$ や黒鉛の結晶構造

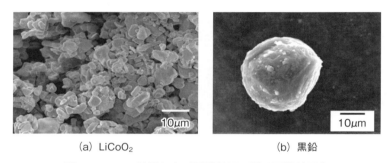

(a) LiCoO$_2$ (b) 黒鉛

図4　LiCoO$_2$ 粒子および黒鉛粒子の電子顕微鏡写真

電に伴い Li$^+$ イオンを排出したり貯蔵したりする。

　LiCoO$_2$ や黒鉛は**図3**に示すように層状構造を有し、Li$^+$ イオンが移動しやすくなっている。また、LiCoO$_2$ の場合には Co 原子1個当たり約 0.5 個の Li$^+$ イオンを貯蔵でき、黒鉛の場合には炭素元素1個当たり 1/6 個の Li$^+$ イオンを貯蔵できる。

　他にもいろいろな活物質材料があり、基本的には Li$^+$ イオンを貯蔵できる空間を結晶構造内に有し、Li$^+$ イオンの移動も容易な結晶構造になっている。

　図4に LiCoO$_2$ 粒子および黒鉛粒子の電子顕微鏡写真を示す。これらの粒子の中に Li$^+$ イオンが侵入したり、粒子内から Li$^+$ イオンが排出されたりする。

この反応が生じる電位は活物質が有する内部電位であり、活物質の電子状態に依存する。この電位において電子の出入りが生じる。黒鉛の場合には Li 金属に対して 0.1 V 程度であり、$LiCoO_2$ の場合には 3.9 V である。黒鉛と $LiCoO_2$ を用いて電池を作製すると 3.8 V の電圧を有することになる。

活物質に出入りが可逆的に生じる Li^+ の量が活物質の電気容量となる。活物質の容量密度を単位重量および単位体積当たりで計算したものを表 1 に示す。

表 1 単位重量および単位体積当たりの活物質の容量密度

正極活物質	単位体積当たりの容量 (mA h cm^{-3})	単位重量当たりの容量 (mA h g^{-1})	反応電子数	電極電位 (V)	負極活物質	単位体積当たりの容量 (mA h cm^{-3})	単位重量当たりの容量 (mA h g^{-1})	反応電子数	電極電位 (V vs. SHE)
S (固体)	3,460	1,672	2	−0.634	Li (固体)	2,062	3,861	1	−3.040
$(CF)_n$ (固体)	2,557	864	n	−0.04	Al (固体)	8,065	2,976	3	−1.68
CuO (固体)	4,255	674	2	0.558	Mg (固体)	3,846	2,206	2	−2.37
AgO (固体)	3,236	433	2	0.607	Na (液体)	1,083	1,166	1	−2.714
MnO_2 (固体)	1,550	308	1	1.23	Fe (固体)	7,519	960	2	−0.44
NiOOH (固体)	2,032	292	1	0.49	Zn (固体)	5,848	820	2	−0.763
Ag_2O (固体)	1,667	231	2	0.342	Cd (固体)	4,115	477	2	−0.403
PbO_2 (固体)	2,101	224	2	1.685	Pb (固体)	2,933	259	2	−0.126
$SOCl_2$ (液体)	984	601	8/3	0.56	CH_3OH (液体)	3,968	5,025	6	0.044
Br_2 (気体)	1,039	335	2	1.087	N_2H_4 (液体)	3,378	3,344	4	−0.38
O_2 (気体)	43,860	3,356	4	1.229	H_2 (気体)	21,692	26,316	2	0
Cl_2 (気体)	22,272	756	2	1.358	CH_4 (気体)	87,719	13,333	8	0.17
SO_2 (気体)	11,236	418	1	−0.04	CO (気体)	22,779	1,912	2	−0.1
$LiCoO_2$ (固体)	699	137	0.5	0.9	グラファイト (固体)	818	372	1	−3

より大きな容量を有する活物質が望まれる。また、より大きな電池電圧を実現できる活物質の組み合わせが求められる。

実際に電池を作製する場合、表1は参考になるが、実際には種々の問題を解決する必要がある。活物質が有しなければならないポイントをまとめると下記のようになる。

① 界面の反応速度を維持するために十分な反応面積を維持する上で、粒子径（一次粒子あるいは二次粒子）が数 μm から数十 μm 程度であること。

② Li^+ イオンの拡散に適した結晶構造を有していること。

③ 電子の移動が円滑に生じる電子構造を有すること、あるいは導電性を付与した粒子であること。

④ Li^+ イオンの挿入・脱離に伴う結晶構造変化がないこと、あるいは可逆的であり、結晶構造が安定であること。

⑤ Li^+ イオンの挿入・脱離する量が多いこと。

これらのポイントを考慮して活物質の選定を行い、電池を作製する。

(2) 電極の反応

活物質は粉体であり、バインダーや炭素粉体と混合してから集電体上に塗工して使用する。集電体にはCu箔やアルミニウム箔が用いられる。

図5に実電極の構造モデルを示す。多孔質なコンポジット電極であり、電極内部には電解液が浸透し、電解液と電極活物質の界面が形成される。

電気化学的な反応は図1のとおりで、電解液と電極活物質の界面で生じる。基本的には、この反応が最も重要であり、電池反応を律速する。しかし、多孔質電極の厚みが数十 μm 程度になり、電極の多孔度が50％程度になると、電極反応の律速段階が変化し、多孔質電極内部の電解液中における Li^+ イオンの拡散が電極反応を支配するようになる。活物質自身の反応活性に加えて、多孔質な電極を使用することによるマクロな物質輸送現象の反応速度に対する影響を考慮することが必要となる。

単位面積当たりに搭載した活物質量が多い場合と少ない場合について、電極

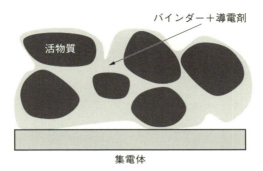

図5 実電極の構造モデル

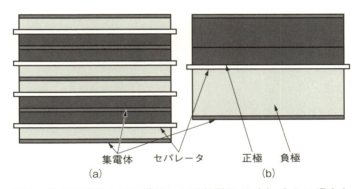

図6 単位面積当たりに搭載した活物質量が (a) 少ない場合と
(b) 多い場合の電極構造のモデル

構造のモデルを描画すると図6のようになる。同じ嵩密度で電極を作製した場合、搭載量が多くなれば電極の厚みも大きくなる。同じ容量の電池を作製する場合、厚い電極を使用した場合には使用する集電体やセパレータの数が減少し、結果的に高エネルギー密度の電池の作製を行うことができる。しかし、Li^+イオンが拡散しなければならない距離は増加し、大きな電流を取り出そうとした場合に問題が生じる。

電極反応の速度は活物質のみで決定されているのではなく、多孔質な電極を使用する場合には、その中で生じる諸現象が関連する。多孔質電極において考慮しなければならない物理的諸現象を列記すると下記のようになる。

① 活物質と電解質の界面における電荷移動
② 電極反応を維持するために必要となるLi^+イオンの活物質内部（固体内）での拡散
③ 活物質内部での電子の移動
④ 多孔質電極内の電解質中でのLi^+イオンの拡散と電気泳動による移動
⑤ 電解質のイオン伝導の抵抗
⑥ 集電体の電子伝導の抵抗
⑦ その他、粒子間の接触抵抗などの抵抗

これらの中で律速段階となっている過程に着目して電極特性を改善することが必要となる。

（3）電池全体の反応

正極と負極の両方で上述のような反応が進行することにより電池が動作する。電池内では、充電時には正極中のLi^+イオンが電解質中に脱離・溶出し、負極ではLi^+イオンは電解質中から負極中に挿入される。電子はLi^+イオンの脱離に伴い正極中から集電体を経由し、最終的に負極中に注入される。Li^+イオンの移動と電子の移動は常に協調的に生じる。

電極反応がスムーズに進行したとしても、セパレータ部分での抵抗が大きい場合には律速段階がセパレータ中でのイオン移動になる。集電体の抵抗も問題になる場合もある。電池のサイズが大きくなると流れる電流値も大きくなり、集電体での発熱も問題となる。

いずれにしても、抵抗となりうる箇所を特定し、電池全体のインピーダンスを低減できるように工夫が必要となる。

（4）電池特性と活物質特性の比較例

活物質の反応と電極の反応について説明をしてきた。実際にこれらの特性がどれほど異なるのかについてここで述べる。

図7に$LiNi_{1/3}Mn_{1/3}Co_{1/3}O_2$粒子の電子顕微鏡写真を示す。数$\mu m$程度の粒子で、

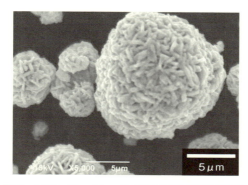

図7　$LiNi_{1/3}Mn_{1/3}Co_{1/3}O_2$ 粒子の電子顕微鏡写真

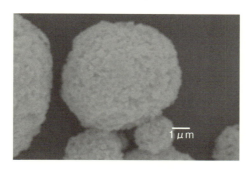

図8　$LiFePO_4$ 粒子の電子顕微鏡写真

一次粒子に近い材料である。また、図8に $LiFePO_4$ 粒子の電子顕微鏡写真を示す。この場合にも粒子径は数μm程度であるが、二次粒子である。一次粒子の大きさは100〜200 nm程度である。ただし、電子伝導性を付与するために一次粒子の表面には数nmの炭素層が被覆されている。これらの粒子を用いて電池を作製する。

　ここでは、活物質が有する本質的な特性と、多孔質電極を作製し電池を実際に作動させた場合の特性を比較する。

　活物質の本質的な特性を調べる方法として、単粒子測定法を使用している。図9に単粒子測定装置の概要と測定原理を示す。この方法では電解液側の要

第Ⅰ部　基本編

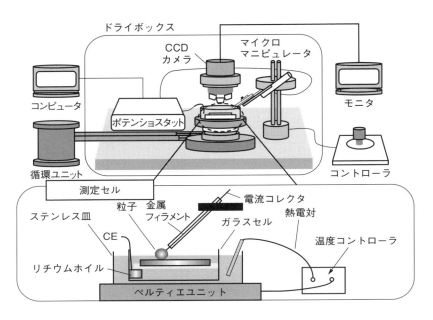

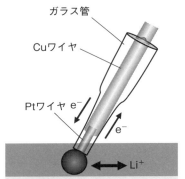

図9　単粒子測定装置の概要と測定原理

因による電気化学反応への影響が非常に小さく、活物質と電解液の界面における電荷移動抵抗、界面の皮膜などによる抵抗、そして固体内部でのLi^+イオンの拡散により支配され、電解質中のLi^+イオンの拡散などの影響は除去される。

　図10は、この方法を使用して求めた種々の電流値での放電曲線である。

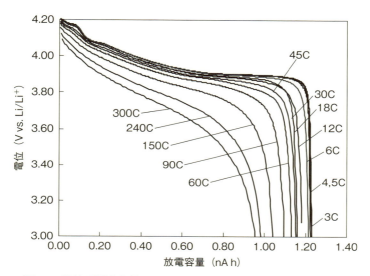

図10 単粒子測定を使用して求めた種々の電流値での放電曲線

LiCoO$_2$ の場合、小さな電流値で放電している場合には同じ容量が得られ、電流値の増大に伴って放電曲線が下方へ移動している。この現象は、界面部分の単純な抵抗に由来するものである。さらに電流値が大きくなると放電容量が減少し始める。この挙動は、固体内部における Li$^+$ イオンの移動が電流値の増加に伴って不十分になっていることを示している。これらの結果から LiCoO$_2$ 1つの粒子についてその性能を評価すると、100 C（理論容量を 36 秒で放電する電流値）でも十分に機能していることがわかる。

図 11 は、2032 型のコイン電池を用いて行った充放電試験で得られた充放電曲線である。電極厚みは 50 μm 程度であり、対極には黒鉛でなく Li 金属を使用している。1 C で放電した場合には図 10 と同じような曲線が得られているが、5 C 程度になると Li$^+$ イオンの拡散の影響が明らかに認められる。この拡散は活物質固体内部の拡散ではなく電解液中の Li$^+$ イオンの拡散である。

LiFePO$_4$ に関しても全く同様の結果が得られている。図 12 に LiFePO$_4$ の単粒子測定とコインセルの充放電試験の結果について示しておく。

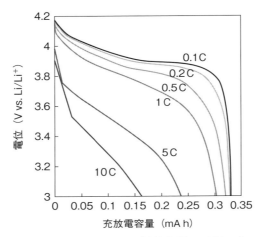

図 11　2032 型のコイン電池を用いて行った充放電試験で得られた充放電曲線

　このように、活物質粒子自体の性能よりも多孔質電極内部での物質輸送現象が電池の特性を大きく左右することがわかる。電池の研究において、活物質の特性と電池の特性が混同されて議論される場合が多い。ここで紹介した事例を十分に理解し、材料開発と電池の開発を行う必要がある。

(5) 多孔質電極内部の様子

　多孔質電極内部における Li^+ イオンの輸送現象の重要性について述べた。ここでは、多孔質電極内部でのイオン伝導性について述べる。

　有機溶媒にリチウム塩を溶解した電解質を用いている場合、アニオンとカチオンの両者が電場により移動する。電極反応では Li^+ イオンのみが利用される。そのため、本来なら Li^+ イオンがすべての電気を運べば都合がいいのであるが、実際にはアニオンが 60 % 程度あるいはそれ以上の電気を運び、残りの電気を Li^+ イオンが運ぶ。そのため、Li^+ イオンが電極反応の維持のためには不足し、その分が Li^+ イオンの拡散により補われる。結果として、多孔質電極内部やセパレータ内部の電解液中での Li^+ イオンの拡散が電池反応を継続させる上で重

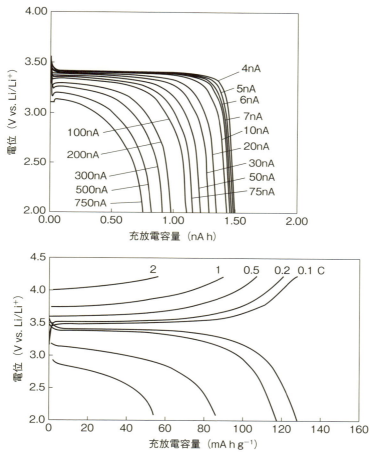

図12　LiFePO₄の単粒子測定の結果とコインセルの結果

要な因子となる。

　図13に多孔質電極内部の様子を示す。活物質粒子に直接接触した状態で高分子バインダーが存在し、導電助剤として炭素粉末を利用している場合にはバインダーに複合化されて存在する。電解液は、バインダーが電解液を吸収して膨潤する場合にはバインダー内部に存在し、そうでない場合にはバインダーなどの固形分と固形分の間に存在する空間に位置することになる。

第Ⅰ部　基本編

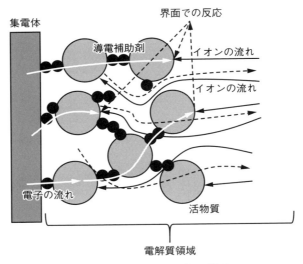

図 13　多孔質電極内部の様子

　このような状態の電解液のイオン伝導性は通常のバルク電解液のそれとは異なる。なぜなら、バインダーや活物質表面と電解液が相互作用し、Li^+イオンの移動を阻害する可能性があるからである。すでに議論したように、多孔質電極内部でのLi^+イオンの拡散は電池反応を支配する最大の因子であるため、バインダーや活物質表面あるいは導電助剤を工夫してLi^+イオンの拡散をより容易にすることが求められる。

1.2　電池内で生じる不可逆反応と容量バランス

　活物質中へのLi^+イオンの挿入反応や活物質からのLi^+イオンの脱離反応以外の副反応が生じると、電池を作製することが困難となる。リチウムイオン電池の中では、正極と負極それぞれに多かれ少なかれ不可逆な反応が生じる。もちろん、実際に電池を作製することはできるので、このような反応はわずかにしか生じない。このような反応として、微量に生じる電解液の酸化であったり還元であったりする場合が多い。

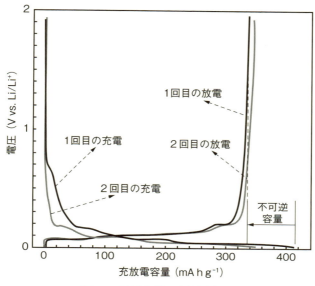

図14　黒鉛負極の充放電挙動

　たとえば、黒鉛負極を使用した場合に**図14**に示すような充放電挙動が観測される。初期の充電容量と放電容量に違いがあることが分かる。この容量差を不可逆容量と呼ぶ。2回目の充放電以降は、放電容量と充電容量はほぼ同じとなり、クーロン効率は高くなる。1回目のクーロン効率はかなり低く、90％程度になる場合もある。一方、$LiCoO_2$電極ではLi^+イオンの挿入・脱離が可逆的に生じる。このような状況下で電池を作製した場合、初回の充電時に$LiCoO_2$からLi^+が脱離するが、すべてのLi^+イオンが元には戻らないため、正極の容量の一部が損なわれることになる。このため、実際に得られる電池の容量は小さくなる。

　たとえば、**図15**に示すグラフのように負極の不可逆容量が大きくなると、必要以上に正極を電池内に導入しなければならず、電池のエネルギー密度が低下する。電池では正極と負極の容量バランスを上手に調整しないと、結果的に大きなエネルギー密度を有する電池を作製することができない。

第Ⅰ部 基本編

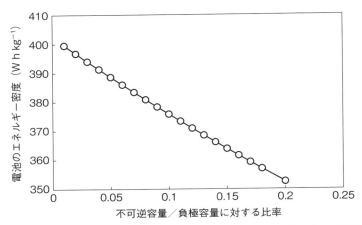

図15 負極の不可逆容量と正極重量および電池のエネルギー密度の関係

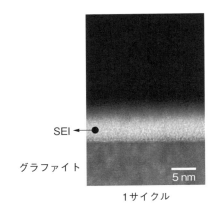

図16 充電後の黒鉛表面の電子顕微鏡写真

　黒鉛負極における不可逆容量は黒鉛負極表面に生成する皮膜と関係している。図16に充電後の黒鉛表面の電子顕微鏡写真を示す。表面には非常に薄い皮膜が生成しており、この皮膜の生成が不可逆的な容量となる。しかし、黒鉛を負極として用いる場合、この皮膜の生成により黒鉛上での電解液の分解が抑制されることで、その後の可逆な充放電が行われる。したがって、この皮膜の生成

は非常に重要である。

この皮膜はLi$^+$イオン伝導性を有しており、活物質自体の反応を阻害することはない。このような界面形成をする皮膜を固体電解質界面層（Solid Electrolyte Interphase：SEI）と呼ぶ。正極にも同じようなSEIが生成することもある。積極的にSEI形成を行い、界面を安定化させるための添加剤や電解液の選択に関する研究も進められている。リチウムイオン電池の電極/電解質界面を制御する一つの有益な方法として認識されている。

1.3 電池の寿命

リチウムイオン電池は正極活物質および負極活物質自身の構造劣化により寿命が決定されるべきであるが、実際にはその他の要因によっても電池が劣化し寿命が短くなる。リチウムイオン電池が正常に機能するには、電池内部での電子伝導性とイオン伝導性が常に正常に保持されなければならない。

集電体に粘着されたコンポジット電極がセパレータを介してある程度の圧力で押し付けられ保持されているサンドイッチ構造がリチウムイオン電池では一般的な構造となっている。この電極が充放電により多かれ少なかれ変形しながら電池の充放電が行われる。この変形は活物質自体の充放電に伴う膨張・収縮が原因である。膨張・収縮が繰り返されると、活物質同士や導電助剤との接触が悪くなり電極の電子伝導性が低下する。これによって電極内部に反応分布が生じる。

反応分布は電極内部の膨張・収縮の分布を助長するため、電極全体がより大きな変形をする。**図17**に電極の変形のモデル図を示す。このモデル図に示されているような変形が持続して生じると、電極は最終的に電子伝導性を失い、充放電ができなくなる。改善するためには、より均一な膨張・収縮が求められる。

リチウムイオン電池では充電の電圧が高く、電解液の安定性に関する懸念がある。特に正極活物質表面上での電解液の酸化分解に関しては重要な課題と

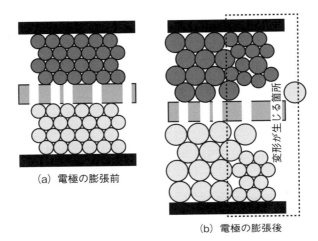

(a) 電極の膨張前

(b) 電極の膨張後

図17　電極の変形のモデル

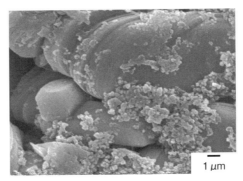

図18　寿命が尽きた電池の電極内部の電子顕微鏡写真

なっている。

　寿命が尽きた電池を解体して電極内部の様子を電子顕微鏡により観察した結果を**図18**に示す。何らかの成分が電極内部に生成していることが確認される。この物質は有機物であったり無機物であったりするが、基本的には電解液成分が正極表面上で分解した結果、生じたものと考えられる。このような状態になるとコンポジット電極内部のイオン伝導性は大きく損なわれ、それ以上電池を

充放電することができなくなる。このようにイオン伝導性の欠如で電池が寿命となることもある。

電池を健全な状態で充放電するには、電子伝導性とイオン伝導性を確保し、余計な反応が起こらない、あるいは起こりにくくすることが重要となる。正極活物質表面をより電解液の酸化あるいは還元が起こりにくい物質でコーティングしたり、電解液に添加剤を入れて安定な皮膜を活物質表面に形成したりすることで電池の寿命が改善される。

1.4 電池制御

ラミネート型や円筒型のセルが作製され、セルを組み合わせて電池が作製される。セル1つ1つはすでに記述した通りであるが、このセルを複数個組み合わせて電池が作製される。目的に応じて並列および直列に電池を組み合わせる。

この電池にはバッテリーマネージメントシステム（BMS）が設置され、各セルの温度や電圧を監視し、電池が異常な状態になった場合、作動を止める働きをする。セル自体は基本的には推奨の条件で使用している限り問題を起こすことはないが、電池をBMSで監視しながら使用することで最悪の状態になることを防いでいる。

☆　　　　☆

電気自動車あるいはハイブリッド自動車で用いる電池は大型電池であり、携帯電話で使用するリチウムイオン電池とは異なる。携帯電話で用いられる電池では主にエネルギー密度が重要視され、出力密度はあまり問われない。機器の進歩により必要とする電流値が小さくなったためである。一方、自動車用電池の場合には、車を駆動するためには大きな電流値が必要であり、出力特性に対する要求が厳しい。このように小型のリチウムイオン電池に求められる性能と自動車用のリチウムイオン電池に求められる性能が異なるため、電極の作製方法や構造は異なる。電池製造プロセスも含め、改善するべき箇所を改善し、少しでも大きな出力とエネルギー密度を有する電池を作製することが求められる。

第I部 基本編

第2章 自動車用リチウムイオン電池の開発動向

2.1 自動車用リチウムイオン電池の要求特性

　大型電池の外観写真を**図1**に示す。いくつかのセルを組み合わせて電池が作製される。電池には、電池の状態を健全に保つためにBMU（Battery Management Unit）あるいはBMSと呼ばれる電池制御システムが取り付けられている。

　現在、自動車用電池の中で、ハイブリッドあるいはプラグインハイブリッド自動車の主電源としてリチウムイオン電池が供給されている。また、最近になり地震などの災害時の緊急用電源、あるいは自然エネルギーを利用した発電システムの蓄電デバイスとしてリチウムイオン電池が使用されている。このように大きな容量を有するリチウムイオン電池が作製されている。基本的な構造は携帯電話に用いるものと大きな違いはないが、以下に示すような項目を重視し

図1　大型電池の外観

た電池の開発が行われている。

①携帯用機器用リチウムイオン電池よりも数倍から十倍程度の高い出力特性が要求される。

②高容量な電池であるため、より大きな電流での充放電に耐えうる高い安全性を担保するための部材選択と電池構造の設計がなされている。

③Wh当たりの電力コストが問題となるため、より安価なリチウムイオン電池が求められる。

2.2 エネルギー密度の改善

重量当たりおよび体積当たりのエネルギー密度が電気自動車用の電池では非常に重要となる。特に体積エネルギー密度が電気自動車の場合には走行距離を決定する。ハイブリッド自動車の場合には限られた車内の空間の高効率利用に寄与する。

現在使用されているリチウムイオン電池のエネルギー密度は150 W h kg^{-1}程度である。このエネルギー密度で走行できる距離は150 kmである。現在のガソリン車の場合、1回の給油で走行できる距離は500 km以上であることから、より大きなエネルギー密度を有する電池が電気自動車のためには必要である。ハイブリッド自動車の場合には、それほど大きなエネルギー密度は必要ではない。

リチウムイオン電池を用いて到達できるエネルギー密度の限界値は250 W h kg^{-1}程度であり、走行距離に換算すれば250 kmである。したがって、リチウムイオン電池では最終的にはエネルギー密度が不足する。そのため、これまでのリチウムイオン電池に使用されていたLiCoO$_2$と黒鉛系材料から離れ、より大きな容量密度を有する活物質の使用が検討されている。正極では、LiNi$_{1/3}$Mn$_{1/3}$Co$_{1/3}$O$_2$に代表される3元系正極材料やLi過剰固溶体正極が使用されようとしている。負極では、炭素系の材料からLiと合金を作る金属系の材料あるいはLi金属そのものの使用が考えられている。これらの新しい活物質

材料を使用すれば、300 W h kg^{-1} を超えて 500 W h kg^{-1} 程度のエネルギー密度を達成できる。

　エネルギー密度の改善に寄与するもう一つの重要なポイントは、電池の設計である。すでに述べたように電極の厚みを厚くすることで、集電体やセパレータの使用量を減少させ電池のエネルギー密度を事実上向上させる方法がある。あるいは電解質を液体から固体にすることで、電池の安全性を担保するために用いられている種々の部材を削減することができ、これによっても電池のエネルギー密度を向上させることができる。もちろん、Li金属負極を用いることも可能である。

　今後、これらの技術革新を行うことで、より大きなエネルギー密度を有するリチウムイオン電池あるいはポストリチウムイオン電池の開発が求められている。

2.3　入出力特性の改善

　自動車用の電池では回生ブレーキが採用され、車が停車あるいは減速する場合に熱エネルギーとなって一散するエネルギーを電気エネルギーとして回収し

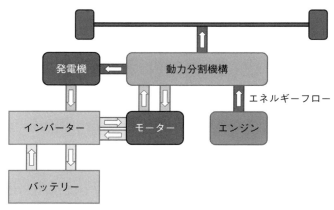

図2　ハイブリッド自動車の場合のエネルギーの流れとその際に流れる電流値

ている。ハイブリッド自動車の場合のエネルギーの流れを図2に示す。

回生時の電流値は比較的大きく、電池の高い入出力特性が要求される。大きな電流密度を確保するには、電極厚みや集電体の工夫が必要である。現時点で携帯機器用のリチウムイオン電池のエネルギー密度が自動車用（ハイブリッド自動車用）よりも大きな値になっているのは、入出力特性をそれほど高く要求されないためである。

今後、セパレータの薄膜化や高多孔性化することが求められる。また、高いイオン伝導性を有する電解液の開発が必要である。もちろん、電解液に対してはLi^+イオンの高い輸率も求められる。電池で使用される部材の開発と電極設計技術により入出力特性を改善することが重要である。

2.4　安全性

リチウムイオン電池の安全性は他の電池に比較して低いと思われている。可燃性の有機電解液を使用していることが原因である。このために、いろいろな安全確保のための工夫がなされている。特に自動車用のリチウムイオン電池の場合は出力特性が高く、重篤な内部短絡や外部短絡が生じると電池は燃焼する可能性がある。したがって、リチウムイオン電池の安全性を確保することは非常に重要となる。

電極の均一な作製、電極材料の選択、部材の信頼性など、より一層高いレベルの技術が要求される。たとえば、リチウム金属の析出が生じても、微短絡などを起こさないセパレータなどが必要である。

セルを組み合わせて電池が作製されるため、各セルの電圧や電池の温度がモニタリングされ、電池が異常な状態にならないように制御されている。BMUという装置が電池の安全性を担保している。今後、より精度の高い電池制御を可能にしなければならない。

2.5 寿命

携帯機器に使用されている電池は 2～3 年程度の寿命を有している。携帯機器自体の寿命を考えるとこれで十分であるが、ハイブリッド自動車の電池の場合、自動車の寿命に合わせて 10 年程度の寿命が必要である。10 年の寿命を有する電池の作製には、電解液の安定性と電極の安定性が最も重要な課題となっている。

充電時に正極あるいは負極において電解液が酸化あるいは還元される可能性がある。このような反応が生じると電解液のイオン伝導性が低下し、電池の抵抗が大きくなり、充放電ができなくなる。電解液のより高い化学的な安定性が求められる。また、正極あるいは負極材料の表面状態を制御し、電解液の還元や酸化が起こりにくくすることが必要である。

もう一つの電池の劣化要因として電極の電子伝導性の低下が挙げられる。充放電を繰り返すと電極は膨張したり収縮したりする。このような微小な変形であっても何度も繰り返されると電極に機械的なダメージを与える。電池内部での反応が均一に生じる場合には問題ないが、実際には反応分布があり、応力分布が発生し電極構造が破壊され、電子伝導性が損なわれる。このような現象を抑制し電極の寿命を長くすることで、電池が劣化しないようにすることが求められる。

ハイブリッド自動車用の電池の場合、電極が大きくなり、より不均一に電極反応が進行する可能性があり、より高度な電極作製と電池作製が重要となる。また、より均一に電池を作動させるための新部材の開発も重要となる。

2.6 電池のリサイクル

自動車用電池が普及すると電池で使用する材料の量が多大になる。資源の観点から見ると、電池で使用される材料のリサイクルが今後必須となる。

リチウムイオン電池の場合、電池が劣化している状態がいくつかのパターン

に分かれるため、パターンに応じたリサイクルあるいはリユースを考えなければならない。たとえば、電解液を交換することで電池が再生される場合もある。電池の劣化モードとその状態把握のための解析技術が求められる。完全に材料が劣化して電池が作動しなくなっている場合、材料を取り出してリサイクルする必要がある。Cu集電体、正極活物質に含まれる遷移金属や電池内に存在するLiなどがリサイクルの対象となる。

リチウムイオン電池のリユースに関しては、ハイブリッド車用電池を中心に既に始められている。電池を再生し自動車に搭載することも可能であるが、この電池を据置用電池として使用することも考えられている。

リチウムイオン電池で使用されている材料は高価なものや資源的にそう多くはない元素を含んでおり、何らかのリサイクルあるいはリユースが必要である。いずれにしても、真の意味でリチウムイオン電池を社会に定着させて用いるには、電池リサイクルシステムの構築が必須であろう。ちなみに、日本国内においては鉛蓄電池のリサイクルが高い比率で行われている。

☆　　　　　☆

ハイブリッド自動車の電池として今後リチウムイオン電池が使用されるためには、より高度な電池設計とより優れた材料が必要である。これらの要求を満たすためには、今後の研究開発が必要である。より大きなエネルギー密度を達成しながら出力密度を満足させるための材料設計、電極設計、電池設計を考え直す時期である。

第Ⅰ部 基本編

第3章
ハイブリッド自動車のしくみ

3.1 内燃機関の課題

　20世紀から21世紀にかけて、自動車のまさに内側でパワーソースを軸とした壮大な挑戦が始動をし、現在も活発に進行中といえる。世界的な規模でのエネルギー問題への高い関心や地球温暖化などの環境問題がその契機ではあるが、内燃機関のみによる駆動から、効率の高い電気的駆動システムを巧みに組み合わせ統合化を図ることで内燃機関が本質的に有する課題を克服しようとするものである。

　自動車産業は、従来であれば他の産業で活用され十分に成熟した技術を取り込むことでその技術の裾野を広げてきたが、産業としての集積度/資本の集中と世界的な規模・影響度の拡大とにより、環境技術の領域において先端的な技術を自ら生み出し先導をしつつあるように思われる。

　内燃機関の発明は産業革命を生み出した記念碑的な出来事であり、社会は膨大なエネルギーの利用と正確なコントロールを手にし、近代から現代に至るまで200年以上に渡り工業的先進社会の勃興と繁栄を土台から支えることになった。内燃機関では、例えば有機物などの燃焼過程を通して、物質の中に閉じ込められた化学的エネルギーを「熱」として開放し、発生した熱エネルギーを力学的機構により運動エネルギーに変換する。しかしながら、この内燃機関には根本的な弱点があるといえる。その一つは、エネルギー変換効率に厳然たる上限値が課されていることである。このことが、内燃機関を基に様々な効率的なエネルギーシステムを工夫する上で大きな制約となってきた。

第 3 章 ハイブリッド自動車のしくみ

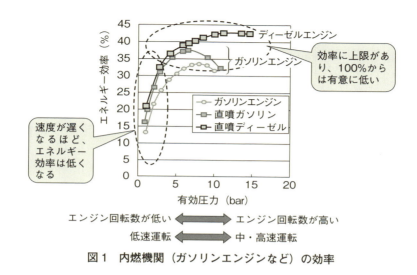

図 1 内燃機関（ガソリンエンジンなど）の効率

ここでは、まず内燃機関に関して簡単に概観してみよう。内燃機関のエネルギー変換効率について、ガソリンエンジンとディーゼルエンジンでの例を取り上げてみる。図 1 に示す通り、エンジンの回転が低回転数側から増加するに従って、当初エネルギー効率は増加するが、次第に頭打ちとなり、やがて減少に転ずる傾向が観察される。裏返して言うならば、低回転になるほどエネルギー効率は低下していくことになる。エンジン回転数をパラメータとして変化させることでエネルギー効率の最大値があるわけであるが、この最大値は、ガソリンエンジンとディーゼルエンジン共に100％からは有意に低い値に留まっている。

内燃機関のエネルギー効率が回転数をパラメータとして変化するというのであれば、システムトータルのエネルギー効率を高く保つには、内燃機関のエネルギー効率が最大となるあたりで回転数を一定に保ち動作させるのが良いことになる。しかしながら、一般的に乗用車などの自動車においては、信号での停止や交差点での左折・右折など時々刻々加減速を繰り返すため、そのままでは高い効率に保ち続けることはできないことになる。

このように、出力要求域が時間経過に従って頻繁に大幅に変化する場合には、パワーソースとして内燃機関のみに頼りつつエネルギー効率を高い値に維持することは原理的に難しい課題であることが分かる。つまり、内燃機関に対して、更に何らかの新たな機構を付加してゆかねば、根本的にこの効率を向上させることはできないと考えられる。

3.2 内燃機関のエネルギー効率

(1) 熱力学からの制約

　よく知られているように、熱機関のエネルギー変換効率の上限値は物理学上の理由（ここでは、熱力学第二法則）から制限を受ける。これは、いかなるエンジニアリング技術を駆使しても解決することはできない領域があることを意味する。可逆的な熱機関のエネルギー変換効率 η は、絶対温度で測った高温熱源の温度を T_2 [K]、低温側の温度が T_1 [K] とすると、

$$\eta = \frac{T_2 - T_1}{T_2}$$

となる。

　ここで、例えば、ある内燃機関があり、燃焼時の最高温度が絶対温度で900K（627℃）で、排出ガス温度が600K（327℃）であったとする。これより内燃機関のエネルギー効率の上限値は、よく知られるように、

$$\eta = \frac{T_2 - T_1}{T_2} = \frac{900 - 600}{900} = \frac{300}{900} = 0.03$$

と計算され、実際のエネルギー効率はこの値以下となる。

　燃料と酸素を増し燃焼温度を上げることは、熱機関の効率の式からエネルギー効率向上の大変有効な方策であるが、現実的にはいくつかの限度がある。燃焼温度が上がれば、エンジンや排気系材料の耐熱性や高温耐久性を向上させる必要がある。燃焼のための酸化剤は空気中の酸素を利用し、窒素も同時に燃焼室に取り込まれ、燃焼温度が高温になると窒素酸化物の発生による大気汚染

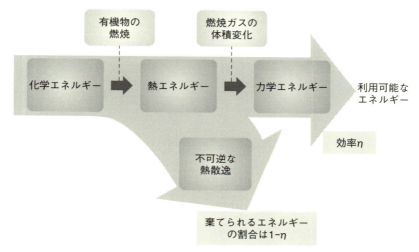

図2　内燃機関のエネルギー効率

が懸念されることになる。これらのことにより、自動車に搭載された内燃機関のエネルギー効率は、100％からは大きく低下してしまうことになる（**図2**）。

（2）システムからの制約

　燃料が燃焼し解放されたエネルギーのうち、力学的エネルギーに変換できなかった部分は全て熱になってしまう。先ほどのエンジンでのエネルギー効率の論議に基づけば、100％からエンジンのエネルギー変換効率（％）を差し引いたものが、おおよそ発生する熱の比率であるが、力学的に取り出されるエネルギー量よりもはるかに多い。排気と共に大半がエンジンから取り去られるとしても、作動している間、エンジンは高温に晒されるため冷却が必要となる。このため、冷却水を循環させエンジンから熱を奪いつつラジエータ部分から放熱をする冷却システムを配する。

　一方、エンジン内部の摺動部や回転部での摩擦を低く抑えるためには、オイル潤滑を行う必要がある。以上のとおり、エンジンを作動させるためには、システムを正常に保つための補機システムが必要となる（**図3**）。

図3 エンジン稼動に必要な補機

　これらの補機を動かすための出力はエンジン出力に比して大きくないとしても、常に連続的に稼働させておく必要がありエネルギー効率を低下させる。例えば、時速60kmであれば1kmの区間は1分で走行できるが、時速6kmでは10分かかるように、速度が遅い場合にはそれだけ補機の駆動時間も長くなりエネルギー消費が増える。もし内燃機関のエネルギー変換効率が100％に近ければこのような補機も大変軽減されるであろうが、残念ながら内燃機関のエネルギー変換効率は有意に低いことから大きな補機を必要とすることになり、さらにエネルギー効率を低下させる方向となってしまうとも言える。

(3) ガソリン自動車における燃料消費実測例

　具体的にガソリン自動車のエネルギー消費をみてみよう。
　図4に、車両の速度をパラメータとして変えていった際の1km走行時の自動車のエネルギー消費量の一例を示す。この自動車では時速が60km/h付近で

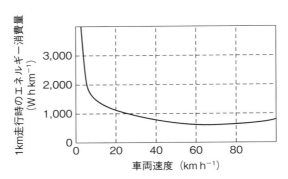

図4 ガソリン自動車における燃料消費実測例

最もエネルギー消費が低くなっており、速度が増すとさらに増加する。速度が低くなるに従って走行時のエネルギー消費量は増加していき、特に時速10km以下では増加の度合いが増していくことが分かる。先述の通り、エンジンのエネルギー効率の低下が影響していることが確かめられる。

3.3 低エネルギー効率の内燃機関を高エネルギー効率の電気駆動で補うハイブリッド自動車

内燃機関を原動力としてもつ自動車のエネルギー効率が高めようとする際に次のような大きな課題があることが分かった。
① 内燃機関における熱力学的からのエネルギー効率への制限
② 低速度領域でのエンジンのエネルギー効率低下

前者はサイエンスからくる制限であり、後者はエンジニアリング的な課題といえるが、エネルギー効率向上の方策として、エネルギー効率の高い別の駆動装置を併用することが考えられる。

内燃機関のエネルギー効率の低い理由は、熱を介してエネルギーをやり取りすることにあったが、例えば電気駆動のモーターであれば、熱エネルギーの状態を経てエネルギーのやり取りをするわけではないので、熱力学第2法則からの束縛はない。つまり原理的には、モーターはエネルギー変換効率の観点からは100％に近い値を目指すことができることになる。内燃機関の低いエネルギー効率を高いエネルギー効率の電動駆動で補うというのが、ハイブリッド自動車（Hybrid Electric Vehicle：HEV）システムの基本的な考え方である（図5）。

内燃機関は燃料を増やすか足すことで比較的容易に走行距離を伸ばせるが、一方、電気駆動は電気を供給するシステムを用意する必要があり、エネルギー効率が高いといっても制約がある。ある意味、エネルギーは豊富にあるが効率の低い内燃機関と、エネルギー効率は高いが長時間利用できない電気駆動は、相補的な関係にあるといえる。どれだけの容量の二次電池を搭載するかで電気

第Ⅰ部　基本編

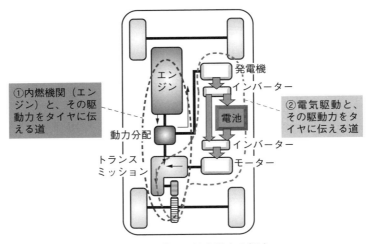

図5　ハイブリッド自動車の概念

駆動単独で利用できる時間が決まると考えられるが、つまり電池搭載量をパラメータとし、どのようなシーンで電気駆動を利用するのかによって、車両の特徴が決まることになる。

3.4　自動車の電気駆動システム

　図6にモーターとインバーターと二次電池より構成された電気駆動システムを示す。モーターには軸出力を取り出す回転子があり、複数の磁石が取り付けてある。回転子を取り囲むようにモーターの外周部に設置されたコイルに変動電流を流すことで回転する磁界を発生させる。この回転する磁界に磁石は引っ張られ、モーターの回転子は回転することになる。この図ではエネルギー源は二次電池であり直流の電流を供給するが、モーターのコイルに変動磁場を発生させるには電流を変動させる必要がある。

　この役目を担うのがインバーターである。つまり、モーターのコイルに回転する磁場を生み出すには、二次電池という直流電圧源からコイルに流すための

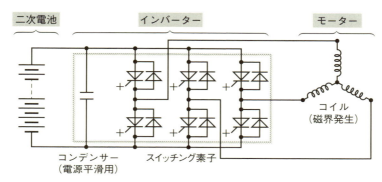

図6　環境車両における電気駆動システム

変動電流（交流）を生み出す必要があり、インバーターがこれを担う。原理的には、複数のスイッチが設置されつながれており、これらを時間経過に対して巧みに閉じたり開いたりして電流の流し方を時々刻々変化させることで交流を生み出すことができる。ここではインバーターにおけるスイッチの役割を理解するために、3つのコイルがある場合を簡略化して描いてある。

　図7では、理解しやすいようにスイッチングのやや複雑な素子構成を簡単なスイッチに書き換えてある。図7(a)では、全てのスイッチはOFF状態なので二次電池からコイルに電流は流れず、この状態が続いていればコイルに磁場は発生しない。これに対して(b)では、2カ所のスイッチを閉じることで電流がコイルに流れ、磁場が発生する。(c)では、同じく2カ所のスイッチを閉じているが、ちょうど逆向きに電流をコイルに流すことが可能で、先ほどの例とは逆の極性の磁場を発生させることができる。時間経過に従って秩序をもたせ6カ所のスイッチのON/OFFを制御することで、時間で変動する磁場を生み出すことが理解される。

　ところで、スイッチのONとOFFを交互に頻繁に行う際に、このONとOFFの時間間隔を変化させることで電流値をコントロールすることができる。回路を構成するコイルにはインダクタンス成分Lというものがあり、磁場との相互作用により、電流の流れの変化に対して常にこの変化を妨げる方向に働

第Ⅰ部　基本編

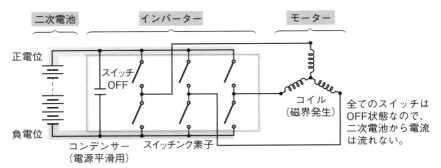

(a) 電流はコイルに流れない

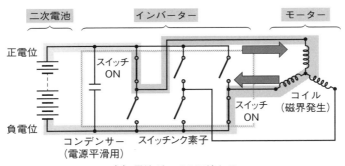

(b) 電流がコイルに流れる

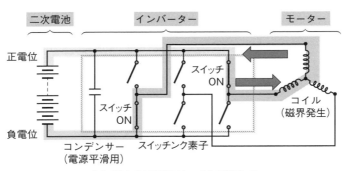

(c) 逆方向に電流がコイルに流れる

図7　インバーターの原理：直流から変動電流（交流）をつくる

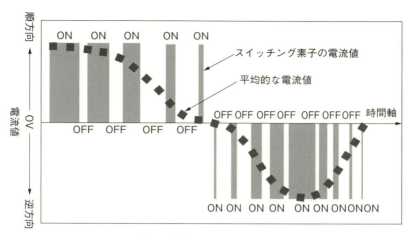

図8　電流のコントロール

く。電流を急に流そうとしてもあたかも抵抗のように働き、あるいは電流を急に止めようとしても一瞬で0にすることはできない。この作用により、高い周波数でスイッチのON/OFFを繰り返しても、そのまま激しく電流が上下することなく、図8のように、なだらかに平滑化された電流値とすることができる。

　ところで、電流のコントロールといっても、炭素抵抗などの抵抗器を入れて電流を制御する場合には抵抗器部分で大きなエネルギー消費を発生させてしまうが、インバーターにおけるこの電流制御は磁場と電流とのエネルギーのやり取りによるものであり、大きなエネルギー散逸を伴わないことが期待される。

3.5　ハイブリッド自動車システムの作動

　ハイブリッド自動車は、内燃機関であるエンジンと同時に電気駆動のモーターを搭載し、これら2つの駆動源をもち、速度に応じて最も効率のよくなるようにモーターとエンジンを適宜使い分ける。先述の通り車両速度が低い場合などエンジンのエネルギー効率の低い領域ではモーターを利用し、車両速度が

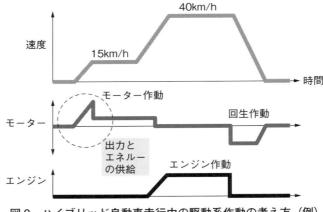

図9　ハイブリッド自動車走行中の駆動系作動の考え方（例）

大きい場合には動力に求められる出力も大きく、何よりエンジンのエネルギー効率も高いためエンジンを主体に利用する。このように、全体として常に最高効率になるように2つの駆動源を時々刻々コントロールする（図9）。

さらにはモーターを搭載していることから、車両が停止する時にはこのモーターを発電機として用いて、車両の運動エネルギーを電気エネルギーに変換し二次電池に一旦貯めることでエネルギーの再利用への道が拓けることが期待される。

中・高速走行ではエンジン効率は高いため、エンジンからタイヤへ直接機械的な駆動力を伝達する（図10）。エネルギー損失を減らす観点からは、なるべく余計な機構を挟まないほうが良い。

走行開始時などの低速走行ではエンジン効率は低いため、エネルギー効率の高い電気駆動システム（モーター）を用いて駆動力を供給する（図11）。

エンジンのエネルギー効率の良い領域を積極的に利用することで、ハイブリッド自動車の燃費向上を図ると同時に、

・アイドルストップ：停車中にはエンジンを停止するにより、余分なエネルギー消費を抑制

・エネルギー回生：駆動用モーターを発電機として利用することで、減速時

第3章 ハイブリッド自動車のしくみ

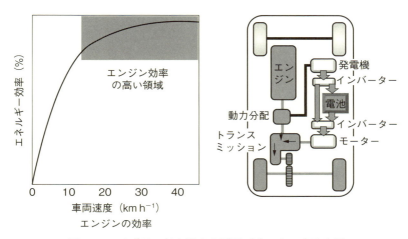

図10 ハイブリッド自動車の原理（1） 中・高速走行

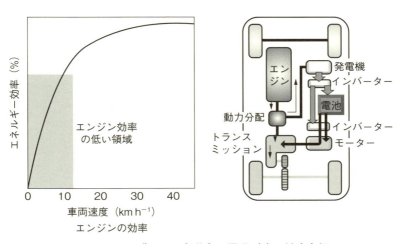

図11 ハイブリッド自動車の原理（2） 低速走行

に自動車の運動エネルギーを電気に変換し蓄えておくことにより、エネルギー消費量を抑えるあるいは回収することでハイブリッド自動車のエネルギー効率をさらに上げていくことができる。

3.6 プラグインハイブリッド自動車

図12に、1日当たりの自動車の走行距離の分布例を10kmごとに区切った場合で示す。本例では、最も頻度が高いのは0kmから10kmまでの走行距離で、次はほとんど同等の頻度で10kmから20kmまでの距離となっている。20kmまでで全体の車両の50%を超えている。また、0kmから50kmまでの総計を考えてみれば全体の80%程度を占めることになる。

この通り、車の走行の実態を統計的にみるならば大半の車は1日当たり50km以下であり、この部分のエネルギー効率を向上させる有効な方策があるならば、全体として大変大きな効果が得られることになる。50km以上走行する車両も相当量あり、100km以上走行する車両も有意にあるが、比較的比率の小さいこれら長距離走行する車両でのケースを満足させるために全ての車に一様に同等の対策を講じるのは、費用対効果を考えるならば社会的施策的にあまり有効ではないのかもしれない。

ここで、電気駆動により走行できる車両があり、例えば10km走行できるだ

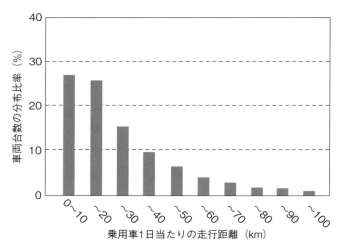

図12　乗用車1日当たりの走行距離分布
〔日経トレンディーニュース（2009年12月15日）を基に作成〕

けの電気量を貯められる二次電池を積んでおけば、これだけでおおよそ全走行の25％に相当する距離を純電気自動車として走らせることができるはずである。もちろん、二次電池の残量が0となり走行できなくなっては困るので、車両に発電機を搭載し、二次電池の電気量が足りなくなった際には発電機を作動させ出力を供給するようにしておく。二次電池が高価であれば、このようにすれば少ない二次電池搭載量であっても確実にある範囲は電気自動車として走らせることができる。例えば50km走行できるだけの電気量を貯められる二次電池を積んでおけば、おおよそであるが、この走行分布においては全走行の80％もの部分をカバーすることができると期待される。

　これがプラグインハイブリッド自動車の考え方であり、基本的には充電を行い電気で走行することになる。二次電池の電力が少なくなった際に発電機を動かし始めるが、ここまでは純電気自動車として走行する。発電機を作動するための燃料は電気自動車走行の間は消費することはないので、ガソリン消費の観点からみれば明らかに燃費は大きく向上する。充電する電力が再生可能エネルギーで作られたものであれば、石化燃料消費を大きく低減することにも貢献することになる。

　プラグインハイブリッド自動車の構成を図13に示す。発電装置としては、ガソリンエンジンの軸出力を発電機につないだシステムや、ガソリンエンジンをディーゼルエンジンで置き換えたものなどが考えられる。あるいは、燃料電池を発電装置として搭載すれば燃料電池自動車となる。

3.7　自動車のエネルギー効率の向上

　現在の内燃機関をベースとした自動車では、唯一のエネルギーソースである内燃機関は走行上必要とされるエネルギーを各瞬間で発生させることになるが、一旦解放されたエネルギーは回収されることなく、最終的に熱として環境に放散されることになる（図14）。

　ハイブリッド自動車においては、蓄電デバイスと電気駆動システムがあるこ

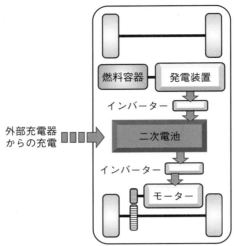

図13 プラグインハイブリッド自動車の構成

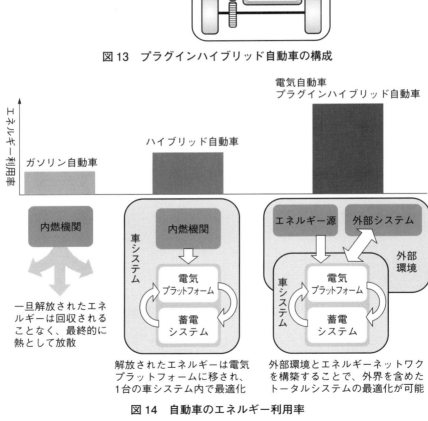

図14 自動車のエネルギー利用率

とから、エネルギー発生とエネルギー利用に時間的な差を導くことができる。エンジンで解放されるエネルギーを電動駆動プラットフォームと協調することで1台の車の中でエネルギー効率の最適化を図るものである。

とはいうものの、ここにも限界がある。エンジンの最高効率領域を用いるといっても、そのエネルギー効率は最高でもガソリンエンジンの30％台からディーゼルエンジンの40％台であって、1台の車の中で閉じていては大きな限界があることは明らかである。

ここで電気自動車やプラグインハイブリッド自動車を考えるならば、1台の車のシステム内に限ったエネルギーの最適化ではなく、自動車の周りの外部環境を含めてのエネルギー効率の向上を目指せることになる。外部環境とエネルギーネットワークを構築することで、外界を含めたトータルシステムの最適化が図れることになる。周囲環境での発電システムでは、様々な機構を加えエネルギー効率を高めたり、あるいは熱を（温水など）他の利用に供することで、ガソリン自動車やハイブリッド自動車ではそのままラジエータで放散していた熱エネルギーを社会の中で有効に利用していくことができる。あるいは、将来さらに大規模に普及すると期待される太陽電池や風力発電などのリニューワブルエネルギーを自動車で利用できるなら、石化燃料の消費量を大きく下げることができることになる。

この通り、プラグインハイブリッド自動車や電気自動車においては、単に車両個体のエネルギー効率が向上するということのみではなく、外部環境と情報・エネルギーネットワークを構築することで、ガソリンなどの燃料に限らず広く様々なエネルギー源が可能になると共に、外界を含めた大きなオープンなシステムにおいて最適化が図れるということであって、ここに質的変化と大きな意義があると考えられる。

3.8 自動車走行に必要とされる出力

　自動車に搭載される二次電池の仕様は、基本的には自動車走行に必要とされる出力とエネルギーにより決まってくる。ここでは、どのような場面で出力が求められ、またエネルギー量が規定されるのかを簡単にみてみよう。

　自動車の走行の様子を正確に把握するには、自動車にかかる力を洗い出し、力学的方程式を立てて解析を行う必要がある。車に働く力は、自動車を動かそうとするパワートレインからの駆動力と、車の動きを抑制する抵抗（力）からなると考えられる。

　ここでは、まず抵抗からみてみよう。**図15**に示す通り、(1)転がり摩擦抵抗、(2)空気抵抗、(3)登坂による抵抗（斜面に平行方向の重力成分）が一般的には考えられる。それぞれの抵抗に関して以下に評価してみよう。

　車が走行する際にタイヤを通して車両が地面から受ける抗力を転がり摩擦と呼ぶ。この転がり摩擦抵抗は、車軸やベアリングやタイヤなどが組み合わさり複雑ではあるものの、原理的には圧力のかかった面間に働く摩擦力である。

　この摩擦を生じる面への圧力の大きさは、大雑把ではあるものの車両重量に比例し大きくなると推察されることから、結果として転がり摩擦抵抗は車両質量 M に比例すると考えよう。そして、この転がり摩擦抵抗の車両重量 M に対する係数 μ をみてみると、経験的には、おおよそ0.025程度を一つの目安として考えることができる。

　以上より**図16**に示す通り、車両重量 M をパラメータとして、転がり摩擦抵抗の大きさは原点を通る1次関数として表される。例えば、車両質量 M が1,000kgの時、重力定数 $g=9.8 \mathrm{m\,s^{-2}}$ であるので、転がり摩擦抵抗の大きさは、おおよそ245N あるいは25kgと計算される（[N]は力の単位であり、9.8m s^{-2} で割るとkgの単位となる）。力としては、それほど大きな力ではないことが分かる。

　空気抵抗の大きさは、車両の（前後方向の）投影面積 A [m^2]、空気の密度 ρ、速度 v [m s^{-1}]の2乗（v^2）に比例する（**図17**）。物体の形状により空気抵抗

第3章 ハイブリッド自動車のしくみ

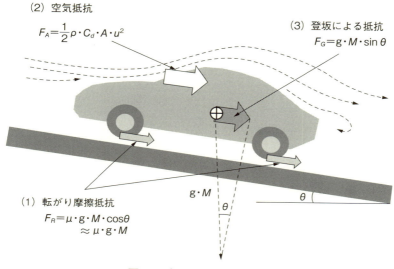

図15　自動車にかかる抵抗

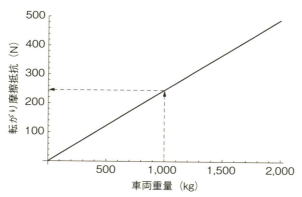

図16　自動車にかかる抵抗（1）　転がり摩擦抵抗

は異なるが、この比例定数は係数 C_d で表され、実験により求められる。

　空気の密度 ρ は $1.2\,\mathrm{kg\,m^{-3}}$ であり、おおよその値を見積もってみよう。ある自動車があり、前後方向の車両投影面積 A は $2\mathrm{m}^2$、空気抵抗係数 C_d が 0.3 で

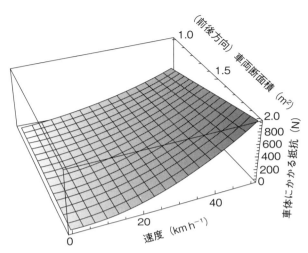

図17　自動車にかかる抵抗（2）　空気抵抗

あったとするなら、車両時速 40km h^{-1}（秒速は 11.1m s^{-1}）の時は 44.4N が空気抵抗の値となる。速度の 2 乗に比例するので、車両時速 60km h^{-1}（秒速は 16.7m s^{-1}）の時は 100N、車両時速 100km h^{-1}（秒速は 27.8m s^{-1}）の時は 278N となることが分かる。

　具体的にどのくらいの抵抗がかかっているかを理解するために、それぞれ抵抗の大きさの比較を示す（**表1**）。車両質量 $M = 1,000$kg、時速 40km で走行している場合においては、転がり摩擦抵抗は 245N であり、空気抵抗は 44.4N と計算される。両者を足した約 290N が地面や空気から車が受ける抵抗力の総和であり、エンジンやモーターなどのドライブトレインが 290N の大きさの駆動力を供給できれば、この自動車は速度を増すことも減じることもなく一定速で走行することになる。

　3 番目の登坂による抵抗は、坂を登る時には、確かに車を後ろに引っ張る抵抗力となるが、登った後で下る際には、今度は車の運動を後押ししてくれる力となる。エネルギー的に見れば、高いところに上る際には重力のポテンシャルエネルギー分だけ余計にエネルギーを投入する必要があるが、下がる際には重

第3章 ハイブリッド自動車のしくみ

表1 自動車走行における抵抗

(1) 転がり摩擦抵抗
　転がり摩擦抵抗の大きさは車両質量に比例する。
　重量・抵抗係数が決まれば、速度の関数ではないため一定値となる。
　【例】車両重量が 1,000kg、転がり摩擦抵抗 μ が 0.025 の時の転がり摩擦抵抗の大きさ
　　　fr[1,000] = $\mu \overset{(*)}{g}$M
　　　　　　　= 0.025×9.8×1000 = 245 [N]
　　　(＊)受領定数　g = 9.8 [m s^{-2}]

(2) 空気抵抗
　空気抵抗の大きさは速度の2乗に比例する。物体の形状により抵抗は異なるが、これは係数 C_d で表され、もっぱら実験により求められる。
　【例】車両投影面積 A=2m^2、車両時速 40km h^{-1}（秒速 11.1m s^{-1}）、空気抵抗係数 C_d=0.3 の時の空気抵抗は、
　　　$\frac{1}{2} \overset{(**)}{\rho} C_d A v^2 = \frac{1}{2}(1.2) \times (0.3) \times (2) \times (11.2)^2 = 44.4$ [N]
　　　(＊＊)地上での空気の密度：ρ=1.2 [kg m^{-3}]

(3) 登坂による抵抗
　登坂による抵抗は車両重量と sin θ に比例する。
　【例】車両重量が 1,000kg、登板の勾配角度が 6 %（tan θ=0.06）の時の重量による抵抗（概算のため、角度が小さい場合には、tan $\theta \sim \theta \sim$ sin θ として近似した）

　　　$g \cdot M \cdot \sin \theta$ = 9.8×1,000×0.06
　　　　　　　　　= 588 [N]

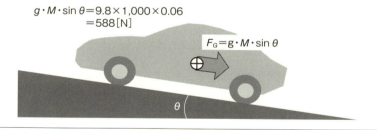

力のポテンシャルエネルギーは車両の運動エネルギーに変換され還ってくることになり、同じ高さに戻ってきたなら、エネルギー的にみれば貯金のようなもので差し引きゼロとなる。このため、長期間運用した場合の自動車のエネルギー消費に置いては、山に登る一方ということは考える必要はないので重要度は高くない。しかしながら、自動車においては、トータルのエネルギー消費の観点のみならず、瞬間的なパワーも大切な因子である。というのは、各瞬間で

抵抗に抗してパワーを供給しなければ車は走行しなくなるからである。

　この登坂による抗力を簡単に評価してみよう。やや厳しい登坂であるが、6％の勾配があったとして、この坂を登る場合の抵抗力を計算してみると、車両重量が1,000kgの時には、588Nとなる。転がり摩擦抵抗や空気抵抗に比較すると、坂が急になるに従って大きな値となることが分かる。急角度の坂を登ることは大きなパワーを必要とすることになり、つまり電気駆動のシステムにとって、この登坂の出力供給が大切な要件となり、二次電池にとっても出力特性をデザインする際の大切なシーンとなる。

3.9　車両の得る加速度

　ここまでは車が受けるいくつかの抵抗に関して考え、その大きさを評価した。これらに抗するだけの力をパワートレインから供給しなければ、次第に車の速度は落ちていくことになる。抵抗力と拮抗する駆動力を供給すれば、そのまま同じ速度を維持することができる。さらにもし、この抵抗力を上回って余分の

表2　駆動力を求める

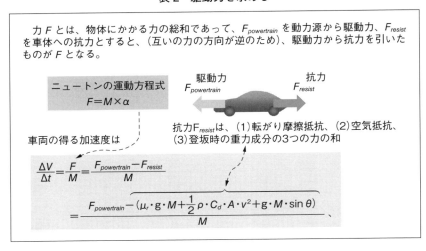

パワーを車に与えられれば、抵抗の力を差し引いた残りの力が車を加速するために使われることになる（表2）。

ここで力 F は物体（つまり車）にかかる力の総和とするならば、$F_{powertrain}$ を動力源からの駆動力、F_{resist} を車体への抵抗の力の合計（①転がり摩擦抵抗と②空気抵抗と③登坂時の重力成分の和）とすると、駆動力から抵抗の力を引いたものが F となる。

もし速度パターン $v(t)$ が分かっているのならば、単位時間ごとの差（微分）を計算することで、そのまま加速度 $α(t)$ を求めることができる。加速度が求まれば、これをニュートンの運動方程式に代入することで力 F を求めることができる。力 F と抵抗 F_{resist} が分かったので、パワートレインが供給すべき $F_{powertrain}$ が求まる。

ここから、出力に関して考えてみよう。ある物体に力 F を t 秒間かけて動いた距離を L とする時、作用（投入されたエネルギー）は $F×L$ である。出力とは単位時間当たりに投入されたエネルギーのことであるから、出力を計算するには、時間 t で割れば良い。

L/t は、1秒当たりで移動した距離、つまり速度 v に一致するので、

$$P = E ÷ t = (F×L) ÷ t = F × \left(\frac{L}{t}\right) = F × v$$

となる。

以上より、駆動力 F に速度 v を掛ければ、これにより出力 P が与えられることが分かった。そして出力 P が求まれば、これは単位時間ごとのエネルギーだから、全ての時間で総和したものが全エネルギーとなる。

力と速度が分かれば、これらを掛け算することで各瞬間での出力を計算することができる。これを応用して、車両にかかっている各種抵抗を打ち消すために必要とされる出力の計算例を表1、表2に基づいて**表3**に示す。

計算してすぐに気づくことは、通常の時速 $40 \mathrm{km\,h^{-1}}$ 程度で転がり抵抗や空気抵抗を考え一定速度を維持しようとした場合には、それほど大きな出力を要するわけではなく、この例では 3.2kW 程度の出力で十分に補償できることに

表3　出力 P を求める：抵抗を打ち消すために投入すべき出力

出力（パワー）の算出：抵抗を打ち消す
抵抗を打ち消すために必要なパワー P（動力源が供給すべき単位時間当りのエネルギー（出力 $[\mathrm{J\,s^{-1}}]$））は、

$$P = F_{resist} \cdot v = \left(\mu_r \cdot g \cdot M + \frac{1}{2}\rho \cdot C_d \cdot A \cdot v^2 + g \cdot M \cdot \sin\theta\right) \cdot v$$

抵抗の力の総和 F_{resist}　　1秒間に動いた距離 $L\,[\mathrm{m}]$ ＝速度 $v\,[\mathrm{m\,s^{-1}}]$

【例】表1、表2の例で、抵抗がある条件で一定速（時速40km）を維持するための出力
＜(1) 転がり摩擦抵抗、(2) 空気抵抗の2つを考えた場合＞

$$P = \left(\mu_r \cdot g \cdot M + \frac{1}{2}\rho \cdot C_d \cdot A \cdot v^2\right) \cdot v = (44.4 + 245) \times 11.1 = 3{,}212\,[\mathrm{W}]$$

＜(1) 転がり摩擦抵抗、(2) 空気抵抗、(3) 登坂による抵抗、の3つを考えた場合＞

$$P = \left(\mu_r \cdot g \cdot M + \frac{1}{2}\rho \cdot C_d \cdot A \cdot v^2 + g \cdot M \cdot \sin\theta\right) \cdot v = (44.4 + 245 + 588) \times 11.1 = 9{,}739\,[\mathrm{W}]$$

なる。これに対して坂道を登る場合には、坂の角度によるものの、ある意味、坂道を引っ張り上げることになり、車両重量がそのままかかってくるため、大きな出力が必要となる。6％の勾配を登る本計算例では約9.7kWとなり、平坦路を走行するのに比して3倍程度の出力が必要となる。そして、登坂に費やされる出力は速度に比例し、速い車速では大きな出力が必要となる。高速道路走行などで長い登坂路にさしかかると、速度が思いのほか早く低下し、一定速度を維持するためにアクセルを踏み、大きなエンジン出力を必要とするのはこの理由による。

さらに、加速度を得るのに必要な出力を評価してみよう。一例として、車両重量が1,000kgで時速 $40\,\mathrm{km\,h^{-1}}$ で走行している時に加速度 $1\,\mathrm{m\,s^{-2}}$ を得るために必要な出力を考えてみよう（**表4**）。一定加速度を得るための力は1,000Nであり、パワーは11.1kWと計算される。ある加速度を得るため必要な力の大きさは速度にはよらない一方、これに要するパワーは速度に比例をすることから、先ほどの登坂での場合と同じように、車速が速いほど大きな出力を必要とする。

第3章　ハイブリッド自動車のしくみ

表4　出力 P を求める：加速度を得るために必要な出力

【例】重量が1,000kgのクルマが時速40km/hにおいて、加速度 $1\,\mathrm{m\,s^{-2}}$ を得るために必要な力とパワー

<力>
加速度を得るのは速度によらず、ニュートンの運動方程式に $M=1,000\,[\mathrm{kg}]$、$a=1\,[\mathrm{m\,s^{-2}}]$ を代入すると
　$F=M\cdot a=1,000\times1=1,000\,[N]$

<パワー>
同じ加速度を実現するにしても、必要なパワーは速度によって異なり、速度が増すにつれて増加する。時速 $40\,\mathrm{km\,h^{-1}}$ においては、
　$P=F\cdot v=1,000\times11.1=11,100\,[W]$

　例えば、追い越しをするために加速をしようとして、$40\,\mathrm{km\,h^{-1}}$ 走行中の場合と高速道路などで $80\,\mathrm{km\,h^{-1}}$ での場合とでは、同じ加速度を得ようとするのであっても2倍値が大きくなる。ここで考えた加速度 $1\,\mathrm{m\,s^{-2}}$ とは、例えば停止状態から時速 $36\,\mathrm{km\,h^{-1}}$ に達するのに10秒かかる一定加速度（時速 $36\,\mathrm{km\,h^{-1}}$ とは秒速では $10.0\,\mathrm{m\,s^{-1}}$）ということになるので、決して大きい加速度ではない。もし加速度 $1.5\,\mathrm{m\,s^{-2}}$ を考えたいのであれば、パワーとしては1.5倍すれば良い。
　以上の通り、坂道を登る場合や、高速道路や右折等での加速を行う場合において、一定速での走行での出力に比べて大きな出力が必要となることが分かった。

3.10　自動車のエネルギー消費量

　ここでエネルギー消費に関して考えてみよう。
　重量が1,000kgの車が時速 $40\,\mathrm{km\,h^{-1}}$ を維持するのに必要な出力は、表3での例では3,212Wであった。つまり、この走行を1時間継続するなら40kmを走り、3,212Whのエネルギーを消費することになることから、1km当たりのエネルギー消費は、$3,212\,\mathrm{W\,h}\div40\,\mathrm{km}=80.3\,\mathrm{W\,h\,km^{-1}}$ と求めることができる。このモードは一定速で加減速がなくエネルギー消費の低い場合といえ、実際に

はモードによってエネルギー消費は異なることになるが、エネルギー損失の大きな部分が転がり摩擦抵抗と空気抵抗であることには変わりないとすれば、大きく違うことはないと考えられる。

　ハイブリッド自動車やプラグインハイブリッド自動車などの環境車両に搭載される二次電池にはエネルギーと大きな出力の供給が求められるが、以上より、車両仕様・走行モードが決まれば、電池が供給すべき出力とエネルギー量に関してどのように求められるかが分かった。

第Ⅱ部
部 材 編

負 極 材

　リチウムイオン電池用負極材として幅広く使用されているものは黒鉛系炭素材料である。民生用リチウムイオン電池が市販された当初は難黒鉛化性炭素材料が使用されていたが、エネルギー密度向上を図るために黒鉛系炭素材料に取って代わられた。その後、スズ系負極を用いたリチウムイオン電池も市販され、さらに高電位負極のチタン酸リチウム（$Li_4Ti_5O_{12}$）も実用化された。一方、ハイブリッド自動車用リチウムイオン電池の負極材としては難黒鉛化性炭素材料、黒鉛系炭素材料が主に用いられている。

　ここではハイブリッド自動車用リチウムイオン電池の負極材として使用されている炭素系負極材について、その現状と課題について記載する。

1 炭素系負極材料

1.1 炭素系負極の機能と問題点

　リチウムイオン電池では、正極材料にリチウム含有遷移金属酸化物、負極材料には主に炭素系材料、電解質に$LiPF_6$を溶解させた有機溶媒が用いられている。電池電圧は正極と負極の化学ポテンシャルの差で決まり、リチウムイオン電池では作動電圧は4 Vに近い。正極と負極の電位について、標準水素電極（Standard Hydrogen Electrode：SHE）基準で考える。

　黒鉛化炭素材料にリチウムイオンが挿入した、いわゆるリチウム−黒鉛層間化合物の電位はリチウム金属の電位に近い値を示す。リチウム金属の電位は−3.04 V（vs. SHE）であるため、リチウム−黒鉛層間化合物の電位もほぼ−3 V程度となる。そのため、リチウム−黒鉛層間化合物は非常に還元力が強い。一方、

正極材料の代表例である $LiCoO_2$ の電位は 1.0 V(vs. SHE)近傍の値を示し、水の安定化領域の電位範囲に存在する。この SHE 基準から考えると、リチウムイオン電池の高い作動電圧は負極の還元力の高さに起因すると言える。

黒鉛化炭素材料負極(以下、黒鉛負極)の還元力が高いため、水溶液を用いることができない。そのため、炭酸エチレン(ethylene carbonate:EC)、炭酸ジメチル(dimethyl carbonate:DEC)などの混合有機溶媒に $LiPF_6$ を溶解させた電解液が用いられる。EC 系電解液の電位窓は広いが、還元側ではリチウム金属基準に対し 1 V(vs. Li^+/Li)程度である(**図 1**)。

黒鉛負極にリチウムイオンが挿入する電位は 1 V(vs. Li^+/Li)以下である

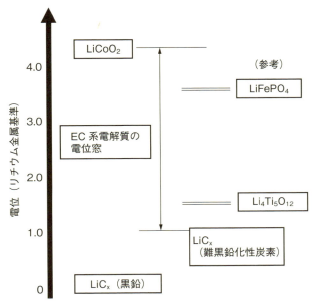

図 1　リチウムイオン電池の電極の電位と電解質の電位窓
　LiC_x(黒鉛)、LiC_x(難黒鉛性炭素)は、それぞれ黒鉛または難黒鉛性炭素にリチウムイオンが挿入した化合物を意味する。LiC_x の電位が EC 系電解質の電位窓から外れていることに注意。また、参考までに、この電位窓内に電位をもつ正極と負極として代表的なものも記した。

ので、リチウムイオンが黒鉛負極に挿入して生成したリチウム–黒鉛層間化合物の電位は電解液の電位窓の外に位置することになる。したがって、リチウムイオンが黒鉛負極に挿入する前に電解液は還元分解する。すなわち、リチウムイオン電池の黒鉛負極は熱力学的には破綻している状態となるが、初回充電時に電解液の還元分解生成物が黒鉛負極上に不動態皮膜を形成するために第2回目の充電時には電解液の還元分解が抑えられ、第2サイクル以降の充放電反応の効率はほぼ100 %となる。

このように、黒鉛負極では皮膜によって"速度論的に"電解液の還元分解を抑制しているため、電池の作動条件によっては皮膜の成長が起こり、電池の容量が劣化する。これをどのように抑えるかが黒鉛負極の課題である。

難黒鉛化性炭素負極(以下、ハードカーボン負極)ではリチウムイオンの挿入電位は高く、1 V(vs. Li$^+$/Li)近傍から挿入し、なだらかな電位プロファイルを示す。ハードカーボン負極では電解液の還元分解が黒鉛負極よりも抑えられるため、黒鉛負極よりも劣化が抑えられる利点があるが、体積エネルギー密度、作動電圧、コストでは黒鉛負極が優位である。

1.2 炭素系負極材料の変遷

リチウムイオン電池で用いられてきた炭素材料は多種多様である。リチウムイオン電池が市販された当初では、炭酸プロピレン(propylene carbonate:PC)系電解液との適合性から非晶質系炭素材料が使用されていた。その後、EC系電解液の開発により黒鉛系炭素材料に移行し、リチウムイオン電池のエネルギー密度が向上した。現在の民生用リチウムイオン電池では黒鉛系炭素材料が主に使用されている。黒鉛には、天然から産出される天然黒鉛と、2,800 ℃以上の高温で焼成することにより作製する人造黒鉛がある。人造黒鉛も前駆体により微細構造が異なる。

図2に稲垣[1]によって分類された炭素の微細構造を示す。微細構造は無配向、面配向、軸配向、点配向として大別され、軸配向、点配向ではさらに表面が基底面(basal面)もしくは端面(edge面)で覆われているかの相違がある。

負極材

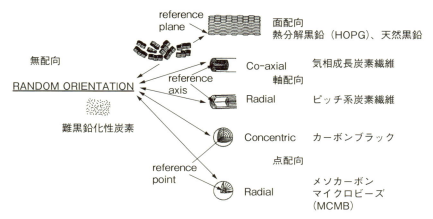

図2　稲垣の分類による種々の炭素材料の微細構造
〔炭素, Vol.122, p.114 (1995)〕

　無配向で代表的なものは熱硬化性樹脂（たとえば、フェノール樹脂など）を焼成して作製される難黒鉛化性炭素であり、上述の非晶質系炭素材料は無配向である。難黒鉛化性炭素は配向性をもたず、リチウムイオンの挿入サイトは3次元的であるため、多くの反応サイトを有する。このことはリチウムイオン電池の出入力密度の向上を図る点で有利であり、詳細は後述する。
　鱗片状天然黒鉛や人造黒鉛である高配向性熱分解黒鉛（HOPG）は面配向を示す。
　また、軸配向で同軸円管状（Co-axial）の微細構造を有する代表的なものは気相成長炭素繊維（VGCF）である。VGCFは主に正極の導電助剤として使用されている。ピッチ系炭素繊維は軸配向で放射状（Radial）の微細構造を有する。
　点配向で同心球状（Concentric）の微細構造をもつものではカーボンブラックが知られている。カーボンブラックは電池の導電助剤に用いられる。一方、点配向で放射状の微細構造を有するものでは、メソカーボンマイクロビーズ（Mesocarbon Microbeads：MCMB）が有名であり、1990年代半ばあたりからリチウムイオン電池負極として使用されていた。微細構造の違いにより黒鉛の

表面状態が異なることから、リチウムイオン電池の負極特性も微細構造に影響を受ける。特に初回充放電時の効率に大きな影響を及ぼす。

　炭素系負極は非晶質炭素から黒鉛に移行し、黒鉛の中でも当初は天然黒鉛が用いられることが多かった。しかし、天然黒鉛は鱗片状のものが多く、電極に塗布するときに配向してしまうことや、初回不可逆容量が大きいなどの問題があった。そこで人造黒鉛に炭素系負極は移行した。中でも大阪ガス製のMCMBは球状で初回不可逆容量が少なく、充電の受入特性も良いなど優れた負極特性を示したが、製造コストの低減が難しく、現在では製造中止となっている。そのほかの人造黒鉛として、MAG（日立化成）、KMFC（JFEケミカル）、SCMG（昭和電工）などが知られており、民生用黒鉛負極、電気自動車用黒鉛負極として採用されている。

　さらに、低コスト化を図るために天然黒鉛をベースとし、これに非晶質炭素材料をコートすることにより作製したMPG（三菱化学）に代表されるコアシェル型の黒鉛負極が登場した。これらの黒鉛負極の進歩により、黒鉛の利用率、電極密度の向上、さらには低コスト化が実現されることになった。

1.3　黒鉛負極の特性

　民生用リチウムイオン電池の主な負極は上述のように黒鉛負極である。また、自動車用電源としては、エネルギー密度を求められる電気自動車、プラグインハイブリッド自動車では黒鉛負極が主に使用されている。一方、高出入力特性が求められるハイブリッド自動車では難黒鉛化性炭素負極および黒鉛負極が用いられている。ここではまず黒鉛負極の特性を紹介する。

　黒鉛負極の典型的な充放電曲線を**図3**に示す。図中、横軸は黒鉛単位重量当たりの容量（$mA\,h\,g^{-1}$）、縦軸はリチウム金属に対する電圧（V vs. Li）を示し、Q_{rev}は可逆容量、Q_{irr}は不可逆容量を表す。ここで用いた黒鉛は天然黒鉛であり、粒径10 μm程度の鱗片状天然黒鉛とポリフッ化ビニリデン（PVDF）からなる合剤電極（天然黒鉛：PVDF＝9：1）を作製した。1 mol dm^{-3} LiPF$_6$/EC＋DMC（炭酸ジメチル）（1：1）の電解液を使用し、対極をリチウ

負極材

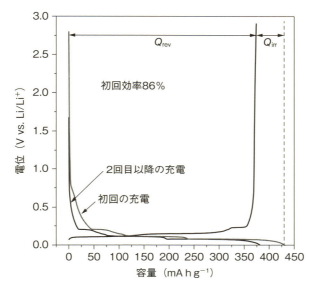

図3 天然黒鉛の典型的な充放電曲線
Q_{rev} は可逆容量、Q_{irr} は不可逆容量を示す。電解液には 1 mol dm^{-3} LiPF$_6$/EC+DMC（1：1 by vol.）を用い、コイン電池で測定した結果。

ム金属としてコイン電池を作製、10サイクル充放電測定を行った。なお、レートは0.1 C（理論容量372 mA h g^{-1} に対して1時間で充電もしくは放電を行うときを1 Cとするので、0.1 Cは37.2 mA g^{-1} の電流を用いている）であり、定電流で測定している。

　コイン電池を作製したときの開回路電圧は3 V程度であるが、電流を流すとすぐに黒鉛負極の電位が下がり、初回の充電（黒鉛とリチウム金属で電池を組んでいるために正確には放電であるが、リチウムイオン電池の反応と対応させるために充電と表記している）では1.0 V近傍より容量が発現する。この電位領域では、上述したがリチウムイオンだけが黒鉛層間に挿入することはなく、電解液の分解に伴う容量である。その後、0.30 V以下の電位領域でリチウムイオンが黒鉛に挿入し、3つの電位平坦領域を経て黒鉛層間全てにリチウムイオンが最密に充填される。放電側も同様に、リチウムイオンの脱離に伴い電位平

坦領域を示し、0.3 V 以上の電位で急激に電位の上昇が見られる。

初回の充放電時にのみ、Q_{irr} で表される不可逆容量（初回充電容量から放電容量を差し引いたもの）が存在する。不可逆容量（Q_{irr}）は用いる黒鉛材料の粒径、微細構造、表面状態によって影響を受けるため、この容量を低減させるため多くの研究開発が行われている。図2から得られた初回の効率（放電容量／充電容量×100）は86％であった。

図4に点配向で放射状の微細構造をもつ人造黒鉛負極の充放電曲線を示す。1.0 V 近傍の電位平坦部がほとんど認められない。このことは、電解液の分解に起因する不可逆容量が少ないことを示し、初回効率は96％と天然黒鉛負極と比べて大幅に向上していることがわかる。どちらの黒鉛負極も第2サイクル以降ではほぼ100％の効率を示し、優れたサイクル特性を示す。

リチウムイオン電池で使用できる可逆容量（Q_{rev}）は、黒鉛の微細構造および結晶性によって異なるが370 mA h g^{-1} に近い値を取る。リチウムイオンが

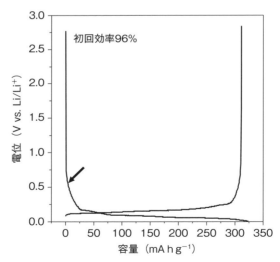

図4　球状で放射状の微細構造をもつ人造黒鉛の典型的な充放電曲線
電解液には 1 mol dm^{-3} LiPF$_6$/EC＋DMC（1：1 by vol.）を用い、コイン電池で測定した結果。

黒鉛層間に全て密に入った状態では LiC_6 となるため、この組成により理論容量が決まる。下記の (1) 式で利用率 100 %、すなわち、$x=1$ とすると、理論容量 $372\,\mathrm{mA\,h\,g^{-1}}$〔(1) 式より $(1/12)\times(1/6)\times 96{,}500/3{,}600\times 1{,}000=372$〕が算出される。また、体積容量は $372\,\mathrm{mA\,h\,g^{-1}}$ に黒鉛の密度、約 $2.2\,\mathrm{g\,cm^{-3}}$ を乗じることにより得られる。

$$6C + xLi^+ + xe^- = Li_xC_6 \quad (0 \leq x \leq 1) \quad \cdots\cdots \quad (1)$$

リチウムイオン電池が市販された当初は、電池のサイクル特性を向上させるために黒鉛負極の利用率を抑えていた（例えば、$x=0.5$）が、小型携帯機器側からエネルギー密度を向上させることが求められ、年々エネルギー密度の向上が図られた。最近の民生用のリチウムイオン電池では黒鉛負極の利用率はほぼ 100 % である。このため、黒鉛負極の容量を増加させるためには、電極にどれだけ活物質（黒鉛）を充填できるか、すなわち電極密度の増加がカギとなる。しかし、電極密度の向上に伴い電解液が黒鉛負極に含浸しにくくなり、電極内でのリチウムイオン拡散が遅くなる。その結果、内部抵抗の増大をもたらす。したがって、高い電極密度が求められる民生用リチウムイオン電池ではレート特性が悪くなる。この内部抵抗については詳細を後述する。

黒鉛負極の利点を下記に示す。

① リチウムイオンが黒鉛に挿入したときにリチウム金属と同程度の電位を示す（$0.1\sim0.3\,\mathrm{V}$ vs. Li^+/Li）。

② 単位体積当たりの容量が高い（$>800\,\mathrm{mA\,h\,cm^{-3}}$）。

③ 体積膨張が少ない。

④ （特に天然黒鉛ベースの負極は）安価である。

⑤ 電池を放電状態で作製できる。

⑥ リチウム金属負極に比べて安全性に優れる。

これらの利点を簡単に概説する。

① リチウムイオンが黒鉛負極に挿入脱離する電位領域は図 2、図 3 からも明らかであるが、$0.1\sim0.3\,\mathrm{V}$ 程度であり、リチウム金属に近い電位を示す。これによりリチウムイオン電池は高い作動電圧を示すことが可能となる。黒鉛よ

② 黒鉛負極の単位体積当たりの理論容量は上述のように 372 mA h g^{-1} であり、リチウム金属負極の理論容量である 3,860 mA h g^{-1} の約 10 分の 1 である。しかし、単位体積当たりの容量ではリチウム金属負極の 3 分の 1 程度になり、電池で重要な体積容量としては比較的大きいと言える。

③ 黒鉛層間にリチウムイオンが挿入すると、黒鉛層間の距離は 0.335 nm から 0.370 nm となり、約 10％程度 c 軸方向に膨張する。ただし、ab 軸方向の C－C 間の距離はほとんど変化しない（黒鉛の反結合性軌道である$π^*$軌道に電子が入るために、実際には少し C–C 間の距離は長くなる）ため、c 軸方向の膨張収縮のみを考慮すれば良い。

④ 人造黒鉛でも比較的安価に作製されている。

⑤ リチウムイオン電池では正極材料がリチウム源であるため、放電状態で電池を作製することができる。

⑥ リチウム金属負極では充電時にデンドライト析出が起こると短絡を起こし、電池が暴走することがある。黒鉛負極では作動条件によってはリチウム金属が析出する場合もあるが、リチウム金属負極と比較すると、飛躍的に安全な負極といえる。

1.4 黒鉛負極上での皮膜

電気自動車、プラグインハイブリッド自動車、ハイブリッド自動車用リチウムイオン電池では民生用の小型携帯機器用リチウムイオン電池よりも、安全性、サイクル特性（耐久性）、高速充放電特性の向上が求められる。また、自動車用電源では作動温度が低温から高温にわたるため、使用環境も電池にとって厳しい。

黒鉛負極では、初回充電時に生成する皮膜で速度論的に電解液の還元分解を抑制し、サイクル特性を向上させているため、充放電反応に伴い（黒鉛層の膨

張収縮の繰り返しにより)皮膜が一部破壊される。また、高温下に電池が置かれるために皮膜が黒鉛負極から取れるなどすると、皮膜を自己再生する必要があり、不可逆容量がさらに生じる。これはリチウムイオン電池の劣化要因の一つとなる。

黒鉛負極上での皮膜は電解液の分解を抑制するために必要なものではあるが、不可逆容量の主要因であるために、いかに効率良く(少ない電気量で)黒鉛負極上に良好な皮膜を形成させるかがリチウムイオン電池の長寿命化を図る上で重要である。そのため、黒鉛負極上での表面皮膜の形成メカニズム、組成などを調べる研究が多くなされた。

黒鉛負極上での表面皮膜はリチウムイオン伝導性であり、電子伝導性をもたないことが要求される。この表面皮膜は一般に Solid Electrolyte Interphase と呼ばれ、SEIと略記される。

SEIの生成機構は複雑であるが、主に2通りの反応機構が提案されている。一つは黒鉛表面上で電解液の分解が進行するものである。他方は、溶媒和リチウムイオンが黒鉛に挿入し、黒鉛端面近傍で分解し、SEIを形成するモデルである。

リチウムイオンは強いルイス酸であるため、電解液中ではルイス塩基である有機溶媒に囲まれた溶媒和状態にある。リチウムイオンが黒鉛に侵入する 0.3 V 以下の電位では脱溶媒和反応によりリチウムイオンのみが侵入することになるが、1.0 V 程度の高い電位では脱溶媒和が起こらず、溶媒和リチウムイオンの挿入が起こることが Besenhard ら[2] により示された。彼らは膨張計を用いて黒鉛負極へのリチウムイオン挿入時における黒鉛の c 軸方向の膨張率を調べ、溶媒和リチウムイオンの黒鉛への挿入が SEI 生成の第一ステップであることを示した。溶媒和リチウムイオンが黒鉛に侵入した三元系リチウム-溶媒-黒鉛層間化合物は熱力学的に二元系リチウム-黒鉛層間化合物より安定なため、初回充電時 0.8 V 以上の電位で溶媒和リチウムイオンの挿入が生じる。その後、電位が低くなるに従い溶媒和リチウムイオンが黒鉛層間内で分解し、SEIを形成すると提案している。

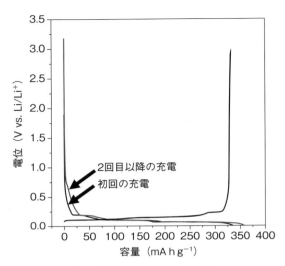

図5 天然黒鉛の充放電曲線
電解液には 1 mol dm^{-3} LiPF$_6$/EC+DMC（1：1 by vol.）に VC を 3wt.%添加したものを用いた。コイン電池で測定。

　SEI の生成機構について、膨張計の測定以外に"その場"電気化学走査型トンネル顕微鏡観察（STM）、"その場"電気化学原子間力顕微鏡（AFM）などによっても調べられており、溶媒和リチウムイオンモデルを支持する結果が得られている。これらの詳細については、多くの review[3]や本[4]にまとめられているので、それらを参照されたい。

　黒鉛負極表面上に効率良く SEI を形成させることが電池性能の向上につながることは上述した。EC 系電解液では 1 V 以下の電位で電解液が分解することにより SEI が形成される。そこで、1 V 以上の電位で還元分解し、良い SEI を形成する添加剤の検討がなされてきた。その代表例として炭酸ビニレン（vinylene carbonate：VC）、炭酸ビニルエチレン（vinyl ethylene carbonate：VEC）、フルオロエチレンカーボネート（fluoroethylene carbonate：FEC）などが挙げられる。この他にも多くの添加剤が開発され、実用化されている。

　VC では炭酸エチレンの C–C 結合部が二重結合になっており、初回充電時

に還元重合してポリマー鎖を有するSEIを形成すると考えられている。そのため、不可逆容量が少なく、特に高温でも安定なSEIが形成される。添加剤の設計指針としては、1V以上の高い電位で分解し、SEIを形成することにある。これにより、ECや鎖状エステル系溶媒の分解を抑制できる。

図3で使用した電解液中に3wt.%のVCを添加したときの天然黒鉛の充放電曲線を図5に示す。初回の効率が大幅に向上していることが分かる。

これらの添加剤を加えたときのSEIはどのような成分が主なものかについては、FT-IR、XPSなど様々な手法により調べられている。最近、Tsubouchiら[5]はHOPGのエッジ面上でのSEIについてFT-IR、AFM、XPSにより調べている。その結果を図6に示す。図6は、$1\,mol\,dm^{-3}$ $LiClO_4$/EC+DECにVC、VEC、FECをそれぞれ添加し、この電解液中でHOPG電極のサイクリックボルタンメトリーを1サイクル行った後、AFMのコンタクトモードで表面を削ったときに生じるSEIについてのs偏光FT-IRスペクトルを示している。AFMのコンタクトモードで削った場所のスペクトルであるので、活物質表面に近いSEIの情報が得られていることが考えられる。

このスペクトルとXPSの結果を合わせることにより、**表1**のような成分が認められている。炭酸リチウムやアルキルカーボネートについては添加剤の有無にかかわらず多く認められている。添加剤なしではポリエチレンオキシドのような成分が見られ、また、Li_2O、$LiCl$といった無機成分も共通に認められ、FECのみLiFが多く認められている。電解質塩に$LiClO_4$を使用しているため、$LiPF_6$の結果とは無機成分が異なるが、有機皮膜成分については類似のものが生成していることが予測される。

同じ添加剤を含んだ$1\,mol\,dm^{-3}$ $LiClO_4$/EC+DEC電解液中でHOPGのエッジ面上に生成したSEIの厚みを"その場"AFMにより調べた結果[6]も併せて表1に示す。添加剤なしでは50nm以上であるのに対し、他の添加剤では20nm前後の値を示している。一方で、これらのSEIを削り取る回数はほぼ同程度であったことから、添加剤なしで生成したSEIはポーラスなものであり、添加剤由来のSEIはリジッドなものであることが示唆される。高い出入力特

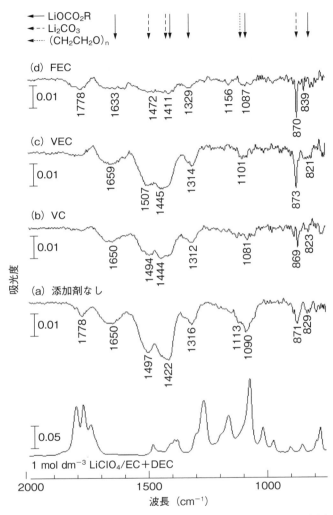

図6 1 mol dm^{-3} LiClO$_4$/EC+DEC に VC、VEC、FEC を添加し、これらの電解液中で HOPG 電極を1サイクルした後、AFM のコンタクトモードで表面を削ったときに生じる SEI についての s 偏光 FT-IR スペクトル

表1 HOPGエッジ面近傍で生成したSEIの化学組成とその厚み

	$LiOCO_2R$ Li_2CO_3	$(CH_2CH_2O)_n$	Li_2O、LiCl	LiF	厚み (nm)
添加剤なし	●●	●	●●●	—	56
VC	●●	—	●●	—	18
VEC	●●	—	●●	—	19
FEC	●	—	●	●	26

性が求められるリチウムイオン電池では内部抵抗の低減が必要であり、SEIについても内部抵抗が低いものが求められている。

1.5 難黒鉛化性炭素負極の特性

民生用リチウムイオン電池の初期の頃に使用されたと考えられる難黒鉛化性炭素は、フェノール樹脂やフラン樹脂などの熱硬化性樹脂を不活性雰囲気で熱処理することによって得られる。難黒鉛性炭素を3,000℃近い高温で熱処理しても黒鉛化がほとんど進行せずアモルファス構造を保つ。

熱硬化性樹脂を1,000℃近傍の温度で熱処理した難黒鉛性炭素材料が一般的に負極として使用される。1,000℃近傍よりも大幅に温度を上げて熱処理すると炭素内の孔（ポア）が閉じるためにエネルギー密度が低下し、さらに反応サイトが低減するために電荷移動抵抗の増大をもたらす。一方、1,000℃近傍よりも低い温度の場合は表面官能基が多く残り、不可逆容量が増大する。ハードカーボン負極ではクレハのCarbontronが有名であり、ハイブリッド自動車、プラグインハイブリッド自動車用ハードカーボン負極として用いられている。

ハードカーボン負極の典型的な充放電曲線を**図7**に示す。図中、横軸はカーボン単位重量当たりの容量（mA h g^{-1}）、縦軸はリチウム金属に対する電圧（V vs. Li）を示す。1 mol dm^{-3} LiPF$_6$/EC＋DMC（炭酸ジメチル）（1：1 by vol.）の電解液を使用し、対極をリチウム金属としてコイン電池を作製して定電流で測定したものである。ここでは、1サイクルの充放電曲線のみを示した。

この図より、1 V近傍からリチウムイオンの挿入が始まり、なだらかに電位

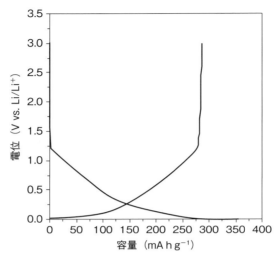

図7 ハードカーボンの充放電曲線
電解液には 1 mol dm^{-3} LiPF$_6$/EC+DMC
（1：1 by vol.）を用い、定電流、コイン
電池で測定。

が下がっていくことが分かる。定電流測定のため、放電容量は 300 mA h g^{-1} 以下で低いように見えるが、定電流―定電圧測定では 400 mA h g^{-1} を超える容量が発現するものが多い。

ハードカーボン負極の利点を下記に示す。

① リチウムイオンが難黒鉛化性炭素に挿入開始する電位は高く、そこからリチウム金属と同程度の電位になるまで、なだらかに低下する（0〜1.0 vs. Li$^+$/Li）。

② 単位重量当たりの容量が高い（＞400 mA h g^{-1}）。

③ 体積膨張がほとんどない。

④ 高い出入力特性を示す。

⑤ 電池を放電状態で作製できる。

⑥ リチウム金属負極に比べて安全性に優れる。

これらの利点を簡単に概説する。

負極材

① 図7のように充放電曲線の電位プロファイルは0～1.0 Vの間でなだらかに低下、上昇していることから、電池の残存容量を電圧でモニターしやすい利点をもつ。また、負極の電位平坦性がないため、リン酸鉄リチウム正極のように電位がフラットな正極材料を用いることも可能である。

② ハードカーボン負極では炭素内にある多くの細孔にリチウムが吸蔵されるため、黒鉛負極よりも高い容量を示す。一方、体積容量では黒鉛よりも密度が低い（Carbontronでは1.5～1.6 g cm^{-3}）ために劣ることになる。

③ 難黒鉛性炭素のd（002）面では0.37 nm程度の値を示すため、リチウムイオンが挿入しても面間隔の膨張はほとんど生じない。体積膨張がほとんど生じないため、表面皮膜も安定化される。そのため、サイクル特性に優れ、また、内部抵抗の増大も生じにくい。

④ 難黒鉛性炭素では図2に示したように無配向であり、黒鉛のように異方性がないため、反応サイトが3次元的であり、リチウムイオンが挿入できるサイト数が多い。したがって、電荷移動抵抗の低減をはかることができ、出入力特性に優れる。

⑤ 黒鉛負極と同じ理由であり、ここでは割愛する。

⑥ ハードカーボン負極では高い容量を発現させるためには低い電位で保持する必要があるが、エネルギー密度よりも出入力密度が重視されるハイブリッド自動車では電位を十分に低くする必要がない。そのため、ハイブリッド自動車ではリチウム金属が析出する電位よりも高い電位に保持することができ、リチウム金属負極と比較すると飛躍的に安全な負極といえる。

2 高出入力用炭素材料

2.1 リチウムイオン電池の内部抵抗の低減

小型携帯機器電源用途のリチウムイオン二次電池ではエネルギー密度の向上が求められるのに対し、ハイブリッド自動車用途のリチウムイオン電池では高出（入）力（高速充放電）特性が求められる。電源デバイスの出力は電流と電

圧の積（$I \times V$）をデバイス重量（もしくは体積）で割った値で評価され、その単位は W kg^{-1}（W L^{-1}）となる。単セルで考えた場合、電圧は用いる活物質によって決定されるため、出入力の向上には電流をいかに取りだせるかが問題となる。したがって、電池の内部抵抗をどれだけ低減するかにより出入力特性が決定される。

　リチウムイオン電池の主な内部抵抗を考えると以下のようになる。

① 集電体／電極間の電子移動
② 電極内の電子移動
③ 電極（多孔性電極）中でのリチウムイオンとアニオンの移動
④ 活物質／電解質間でのリチウムイオン移動
⑤ 活物質中のリチウムイオンの拡散
⑥ 電解質中のリチウムイオンとアニオンの移動（セパレータ）

　これらを図示すると**図8**のようになる。これら6つの抵抗について概説する。

　①、②：これらの電子が関与する抵抗についてはできるだけ低減するように電池が設計されている。例えば、リン酸鉄リチウムのように電子伝導性に乏しいものにはあらかじめ炭素コーティングがされており、また、集電体上にカーボンをコートすることにより①の抵抗を下げる工夫などもされている。これらの抵抗は非常に小さいとみなせる。

　③：合剤電極内に存在する電解質のイオン（Li$^+$とPF$_6^-$）移動抵抗は、電極の厚みを薄層化する、また、電極密度を下げることによって低減可能である。しかし、電極の薄層化と低電極密度では電池のエネルギー密度は低減する。③の抵抗は合剤電極設計に依存するものであり、プラグインハイブリッド自動車や電気自動車のように高いエネルギー密度と高い出入力特性が求められる場合には、エネルギー密度を高い状態に保持したまま、③の抵抗低減が求められることになる。

　④：活物質／電解質間でのリチウムイオン移動抵抗については、Ogumi、Abeらのグループがこれまでに多くの報告を出している[7)～9)]。その一例として、高配向性熱分解黒鉛をモデル電極として用い、リチウムイオンの挿入脱離反応

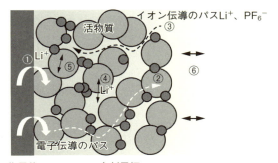

図8 合剤電極の内部抵抗
①電体／電極間の電子移動
②電極内の電子移動
③電極（多孔性電極）中でのリチウムイオンとアニオンの移動
④活物質／電解質間でのリチウムイオン移動
⑤物質中のリチウムイオンの拡散
⑥電解質中のリチウムイオンとアニオンの移動（セパレータ）

を交流インピーダンス測定により調べた結果を示す[9]。

典型的なナイキストプロットを**図9**に示す。中周波数から低周波数にかけて大きな円弧が一つ認められる。高周波数側を拡大すると小さな円弧成分が一つ存在する。低周波数側の円弧は塩濃度依存性を示し、電位依存性を示すことから、リチウムイオン移動抵抗と帰属できる。また、高周波数側の円弧はリチウムイオンが挿入脱離しない高い電位でも認められることから、SEIの抵抗と帰属できる。

リチウムイオン移動抵抗について温度依存性を調べ、アレニウスプロットしたものを**図10**に示す。ECとDMCの割合によらず活性化エネルギーは同程度の55 kJ mol^{-1}程度の値を示すことが分かる。一方、DMCのみを用いて作製した電解質では活性化エネルギーの大幅な低減が認められた。これらの結果と他の多くの結果よりリチウムイオン移動抵抗は脱溶媒和反応に起因し、特に最後の溶媒が外れるときに活性化エネルギーが発現することを示した。リチウムイオン移動抵抗をR_{ct}とすると、R_{ct}は下記のように、頻度因子項Aと活性

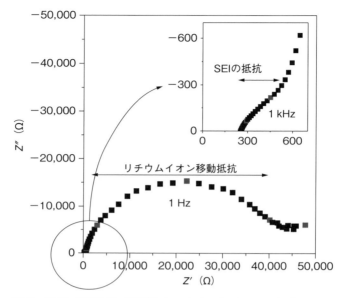

図9 黒鉛（HOPG）電極の1 mol dm^{-3} EC＋DMC（1：1 by vol.）中での0.2 V（vs. Li$^+$/Li）のナイキストプロット

化エネルギーE_aに依存する。

$$R_{ct} \propto A_{\exp}(E_a/RT)$$

ここでE_aは脱溶媒和に起因するものであり、EC系溶媒ではECが最後に外れるときにE_aが生じる。したがって、E_aを低減するためにはEC代替の溶媒を用いた電解液の開発が必要であり、現状では難しい課題である。そのため、④の抵抗を低減するためには、頻度因子項Aを増大させる必要がある。これは活物質量と粒子径などに依存する。

⑤：活物質中の拡散については、単一粒子測定が最も有効である。Dokkoら[10]はバインダーなどの影響を取り除くために単一粒子測定により充放電測定を行い、どれだけ早い充放電反応が可能であるかを調べ、また、拡散定数についても求めている。

8 μmの黒鉛化したMCMB単粒子を用いてリチウム対極を用いたときの充

負極材

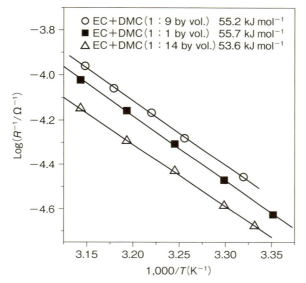

図10 図9のナイキストプロットから得られるリチウムイオン移動抵抗の温度依存性
ECとDMCの比を変化させても活性化エネルギーは変化しない。

放電曲線を**図11**に示す。用いる電流値が小さいとき、2 nAhの値を示し、この単一粒子の最大容量は2 nAhであることがわかる。この図から2,000 nAの電流値を用いてもある程度の容量を示していることがわかる。このときのレートは1,000 Cに対応する。したがって、リチウムイオン電池で考えると非常に高速な放電反応が可能であることが示されている。また、拡散定数は10^{-8} cm^2 s^{-1} 以上の値が得られている。

これらの測定結果から考えると、黒鉛材料中のリチウムイオンの拡散は十分に早いといえる。ハードカーボン負極についての単一粒子測定結果は報告されていないが、そのほかの手法による黒鉛負極とハードカーボン負極の拡散定数を比較すると、ハードカーボン内でも十分に早いものと予想される。

⑥：セパレータ中のイオン移動抵抗も出入力向上のためには無視することができない抵抗であり、セパレータの厚みを薄層化するなどの努力がなされてい

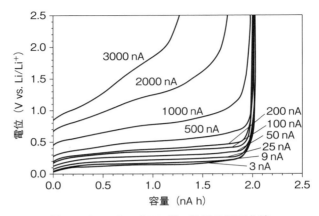

図 11　8μm の MCMB 単一粒子の放電曲線
3 nA の電流値で充電を行い、その後、種々の電流値で放電曲線をとったもの。この 1 粒子の容量は 2.0 nA h であるので、2,000 nA は 1,000 C の放電に対応する。

る。また、鎖状エステルの割合を多くするなど電解液の組成を変えることによっても⑥の抵抗を低減できる。

Ogihara ら[11]は、ラミネートセルを用い交流インピーダンス測定により、①から⑥の抵抗成分についての温度依存性を調べている。**図 12** にその結果を示す。

ここでは、Ni 系（$LiNi_{0.75}Co_{0.15}Al_{0.05}Mg_{0.05}O_2$）正極と黒鉛負極からラミネートセルを構築し、SOC を 0 %、50 % と変化させ、そのときのナイキストプロットを対称セル（symmetrical cell）により詳細に解析している。これにより、①＋②、③、④、⑥の抵抗を見積もり、その温度依存性から活性化エネルギーを得ている。ここで、④の R_{ct} は正極のものであり、SEI の影響があるため黒鉛負極の値は報告されていない（図 9 のように HOPG 電極では R_{ct} が SEI 抵抗に比べて非常に大きく、R_{ct} が正確に求められるが、合剤電極では SEI 分を差し引くことが難しい）。

得られた活性化エネルギーの値は、

　　①＋②　R_e：0.84 kJ mol^{-1}

負極材

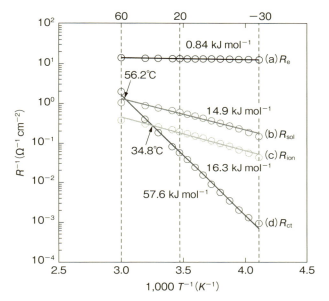

図12 抵抗成分の温度依存性
Ni 系（LiNi$_{0.75}$Co$_{0.15}$Al$_{0.05}$Mg$_{0.05}$O$_2$）正極と黒鉛負極からラミネートセルを構築し、SOC を 0 %、50 % と変化させ、そのときのナイキストプロットを対称セル（symmetrical cell）により詳細に解析し、R_e（①+②）、R_{ion}（③）、R_{ct}（④）、R_{sol}（⑥）の抵抗を見積もり、その温度依存性から活性化エネルギーを得ている。①から⑥は図8に対応する。なお、ここの R_{ct} は Ni 系正極での値であり、黒鉛負極分については報告されていない。

③　R_{ion}：16.3 kJ mol^{-1}

④　R_{ct}：57.6 kJ mol^{-1}

⑥　R_{sol}：14.9 kJ mol^{-1}

である。
　このセルで縦軸の 20 ℃近傍の値を見ると、$R_e < R_{sol} < R_{ion} < R_{ct}$ であり、R_{ct} が最も抵抗値が高いことがわかる。しかし、エネルギー密度を上げていくと、この縦軸の位置関係は変化する。電極密度が向上することにより R_{ion} が増加し、R_{ct} が低減する。したがって、活物質側から考えると、活物質量が少ない状態

で R_{ct} を低減させるためにはどのようにするか、また、合剤電極中のイオン輸送抵抗については、どのような合剤電極を構築すれば、電極密度が高い状態で R_{ion} を低減させるかが高出入力化のカギとなろう。

2.2 高出入力用易黒鉛化性コークス

リチウムイオン電池の炭素負極については、黒鉛負極のさらなる容量向上を図るために種々の焼成温度で作製された炭素材料について負極特性が調べられてきた。容量を焼成温度でプロットすると、700℃の低温領域では黒鉛の理論容量よりも高い値を示し、焼成温度の上昇に伴い容量は減少する。用いる炭素材料により容量が最小になる温度は異なるが、約1,500℃から2,000℃の間で極小の容量を示す。その後、黒鉛化の進行に伴い再び容量は向上し、黒鉛の理論容量に近づく。

極小の容量を示す炭素材料についてはこれまで注目されていなかったが、高出入力用途に適することがパナソニックと大阪ガスのグループにより報告された[12]。コークス系材料を1,800℃～2,800℃まで焼成し、その出入力特性を調べた結果を**図13**に示す。2,000℃を中心に高い出入力特性を示す。さらに高率放電（充電）パルスサイクル試験により2,000℃、2,200℃で焼成した炭素材料が良好な寿命特性を与える。

これまでに多くの炭素材料についてリチウムイオンの固相内拡散定数が種々の手法により求められている。用いる方法により異なるが、拡散定数の値は炭素材料の微細構造にはそれほど影響を受けない。したがって、ここで用いられているコークス系材料についてもリチウムイオンの拡散定数が大幅に向上したとは考えにくい。高出入力特性の向上については反応サイトの数が多く、電荷移動抵抗の低減を図ることができている、もしくは、拡散パスの距離が短いことに起因するものであろう。

2.3 高出入力用ハードカーボン負極

ハードカーボン負極としてクレハのCarbotronについては上述した。

負極材

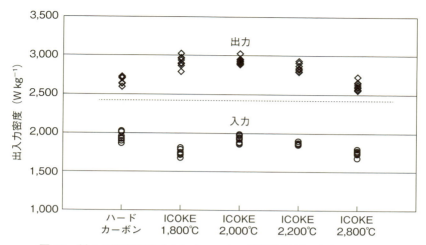

図13 種々の温度で焼成されたコークス系炭素材料の高出入力特性
2,000℃近傍で焼成したコークスが高い出入力特性を示す。

　Carbotronは改良が加えられ、非常に高い出入力特性を示すものがCARBOTORON®Pである。横軸にSOC、縦軸にパワー密度でプロットしたものを図14に示す[13]。ここでは、三元系NCM正極を用いコイン電池で評価している。SOC50％でも出力は3,000 W kg^{-1}を超えており、高い出入力特性を示している。出入力特性は電極密度、電極厚みにも依存するので単純な議論はできないが、R_{ct}の④の抵抗が低いことが高い特性を示しているものと考えられる。

　上記以外にも高出入力用黒鉛負極、炭素負極が開発されている。特にコスト面で考えると、天然黒鉛を表面コートしたものが非常に有利であり、ハイブリッド自動車、プラグインハイブリッド自動車で使用されている。

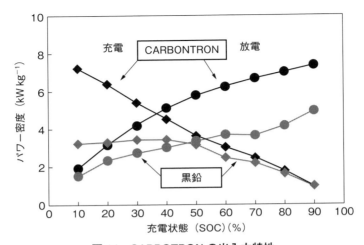

図 14　CARBOTRON の出入力特性
三元系 NMC 正極とハードカーボン負極で構築したコイン電池により測定したもの。

☆　　　☆

　ハイブリッド自動車用リチウムイオン電池では高いレート特性が求められ、さらに高サイクル特性も求められる。次世代負極として期待されているシリコン系、スズ系などの材料は、サイクル特性の点からハイブリッド自動車にはあまり適していないであろう。一方、チタン酸リチウムは電位が高く、体積膨張が少ないために、高いサイクル特性を示す。しかし、電位平坦性に優れるために残存容量のモニターが難しい。これらのことを考えると、ハイブリッド自動車用負極材料としては、黒鉛負極、ハードカーボン負極が引き続き用いられることが予想される。

参 考 文 献

1) 稲垣道夫：炭素、Vol.122、p.114（1995）
2) J. O. Besenhard, M. Winter, J. Yang, and W. Biberacher：*J. Power Sources*, 54, 228（1995）.

3) 例えば、Z. Ogumi and M. Inaba：*Bull. Chem. Soc. Jpn.*, 71, 521（1998）.
4) 小久見善八編著：リチウム二次電池、オーム社（2008）
5) 坪内：JECS
6) Y. Domi, M. Ochida, S. Tsubouchi, H. Nakagawa, T. Yamanaka, T. Doi, T. Abe, and Z. Ogumi：*J. Electrochem. Soc.*, 159, A1（2012）.
7) T. Abe, H. Fukuda, Y. Iriyama, Z. Ogumi：*J. Electrochem. Soc.*, 151（8）, A1120-A1123（2004）.
8) T. Abe, F. Sagane, M. Ohtsuka, Y. Iriyama, Z. Ogumi：*J. Electrochem. Soc.*, 152（11）, A2151（2005）.
9) Y. Yamada, Y. Iriyama, T. Abe, and Z. Ogumi：*Langmuir*, 25, 12766（2009）.
10) K. Dokko, N. Nakata, Y. Suzuki and K. Kanamura：*J. Phys. Chem.* C, 114, 8649（2010）.
11) N. Ogihara, S. Kawauchi, C. Okuda, Y. Itou, Y. Takeuchi,and Y. Ukyo：*J. Electrochem. Soc.*, 159（7）, A1034（2012）.
12) 尾崎義幸、田中紀子、藤井隆文、藤本宏之、ナタラジャン チンナサミィ：高出入力・長寿命リチウムイオン電池用負極炭素材料の開発、第45回電池討論会 3D-02、516-517（2004）
13) 多田靖浩：炭素材料学会先端化学技術講習会予稿集、p.19

正 極 材

1　リチウムイオン電池用正極材料開発の歴史

　実用化されている、あるいは実用化に向けて検討されているリチウムイオン電池用正極材料開発の歴史を、各材料の特徴を概説した上で、研究上のキーパースンと付随する確固たる客観評価を受けている論文を中心に時系列で紹介する。

1.1　層状岩塩型化合物

　基本組成を $LiCoO_2$ とする化合物は、リチウムイオン電池の実用化以来今日に至るまで最も広く正極材料に採用されている。立方最密充填中の6配位サイトを111積層方向にリチウムとコバルトが交互に占有して単独層を形成し、それぞれがイオンと電子の移動経路となっている。充電時にリチウムが離脱すると、酸化物イオン間にファンデルワース力が働くことで構造が保持され、反応の可逆性が確保される。しかし、$Li_{1-x}CoO_2$ と記述した際に、安定な可逆反応が起こるのは $x<0.45$ の範囲であるとされている。これ以上のリチウムを引き抜くと急激な構造変化が起こり、サイクル劣化が顕著になると同時に安全性確保も難しくなる。

　$LiNiO_2$ は $LiCoO_2$ と同じ結晶構造をもつが、より大きな可逆容量で動作させることができる。しかし、ニッケルは2価に還元されやすく、Li^+ と Ni^{2+} のイオン半径がほぼ等しいことから、リチウムサイトに Ni^{2+} が移動して不規則岩塩型のドメインを形成する。このことは、化学量論比で高結晶性の $LiNiO_2$ の合成を非常に困難にしている。岩塩ドメインはリチウムの拡散を妨害するため、

電極特性を大幅に低下させる。また、大気中の水分によりプロトン交換反応が誘発されることから、取り扱いにも細心の注意が必要とされる。加えて、充電時の熱安定性に乏しく、200℃以下で分解し酸素を放出し、電解液の燃焼反応を引き起こす。

　$LiCoO_2$、$LiNiO_2$ ともに実用に供される際は、Co や Ni を他の元素で部分置換して特性を最適化することが多い。特に $LiNiO_2$ については上述の問題から材料修飾なしでは実用化されておらず、高容量を維持しつつ相変化の抑制や熱安定性を付与する観点からさまざまな元素置換が検討された結果、$Li(Ni_{0.8}Co_{0.15}Al_{0.05})O_2$ が諸特性の総合的バランスに優れた標準的な組成として受け入れられており、"NCA"の一般的呼称で呼ばれることも多い。

　1980年代初頭の Goodenough らによる $LiCoO_2$ の電極機能発見[1]の源流は、1970年代に行われた Whittingham らによる層状硫化物 TiS_2、MoS_2 へのスムースな可逆的リチウム脱挿入の研究[2]に遡る。リチウム基準約2Vで進行するこれらの反応に対し、Gooenough は酸化物への展開による高電圧化を発想した。つまり、硫黄の 3p 軌道が遷移金属の 3d 軌道と強く混成した状態で、浅い p 軌道に酸化還元反応を主に担わせる電荷移動型金属から、深い孤立した 3d 軌道による反応が可能なモット・ハバード型酸化物半導体に転換することで飛躍的に電圧を高められると考えた。不安定な4価の状態ではなく、初期状態でリチウムを含み合成も容易な3価の $LiCoO_2$ をまず合成し、リチウムの引き抜き反応により一気に4V近い電圧を発生する特性は、当時としては画期的なものであり、その後、$LiNiO_2$ にも展開された。

　層状岩塩型酸化物のリチウム電池への応用の高い可能性が示された後、$LiCoO_2$ の充放電に伴う相変化・構造変化とその影響因子に関する系統的な研究が Dahn ら[3]や Ohzuku ら[4]によって行われ、広く認知されている。充放電反応に伴い輸送特性は金属絶縁体転移を含む大きな変化を起こし、その詳細について実験的には Delmas ら[5]、理論的には Ceder ら[6]によって明らかにされている。

　$LiNiO_2$ やその化学修飾体についても、Ohzuku[7]、Dahn[8]、Delmas[9]らが、

安全性確保に向けた材料修飾の最適化や充放電反応メカニズムについて、その後のスタンダードとなる論文を発表している。電池の電極に適用する際の最大の技術的課題は充電時の熱安定性が低く安全性を確保できないことであるが、材料そのものへの施策だけでは十分な効果が得られないことがわかっている。特殊なコーティングを施したセパレータや電極、電解液への添加材など、システムとして安全性を確保して正極への安全性マージン要求を緩和する手法の開発も進んでおり、$LiNiO_2$ を基本とする化合物は高エネルギー密度化を実現可能な正極材料として、今日に至るまで継続的に検討されている。しかし、大型用途に適用する際には安全性確保の観点からより慎重な判断が必要となる。

さまざまな多形構造を有する $LiMnO_2$ が Thackeray[10]、Bruce[11]、Delmas[12] らによって合成され、その電気化学特性が調べられている。しかし、スピネル相が極めて安定であるため、充放電を繰り返すとスピネル型への転移が起こり、平均電位が大きく低下しつつ充放電カーブが2段階化する現象や、容量が徐々に低下する現象などが共通して観測される。$LiCoO_2$ や $LiNiO_2$ の機能発見者である Goodenough は、「$LiFeO_2$ もたくさん合成してチャレンジしたが電気化学特性に失望して論文としては出版しなかった」と語っており、その後の多くの追従研究においても特筆すべき特性は報告されていない。一般式 A_xMO_2 化合物の相安定性に関しては、無機化学の通例に従ってアルカリイオン A と遷移金属 M とのイオン半径差によって定性的に説明されるが、より包括的・定量的には Ceder らによって参考文献 13) に整理されている。後述のように、アルカリイオンがナトリウムの場合は、すべての3d遷移金属に対して層状構造が安定相として存在する。

1.2 スピネル型マンガン化合物

スピネル型マンガン化合物は、基本となる化学式は $LiMn_2O_4$ であり、酸素の立方最密充填中の4配位位置の1/4をリチウムが、6配位位置の1/2をマンガンが占有する形の正スピネル構造を有する。占有されていない6配位位置を介してリチウムの3次元連続拡散経路が、やはり3次元に稜共有で連なる

MnO_6 八面体により電子の伝導経路が、それぞれ確保されている。ここから4配位位置のリチウムを引き抜きλ-MnO_2(Mn_2O_4) とする反応で4V程度、空の6配位サイトにリチウムを挿入して岩塩型$Li_2Mn_2O_4$とする反応で3V程度を、Mn^{4+}/Mn^{3+}の酸化還元対によりそれぞれ発生する。3V領域はMn^{3+}のJahn-Teller効果が顕著に現れ、体積膨張収縮も大きいため、サイクル特性の確保が困難であり、また元来結晶中に存在しないLiを外部から導入する必要もあることから、もっぱら4V領域が実用に供される。しかし、サイクル特性を確保するためにMnの一部をリチウムや他の遷移金属元素で置換して使用されるため、4V領域の理論容量147 mA h g^{-1}に対して実容量は100〜110 mA h g^{-1}程度に留まる。充電状態に相当するλ-MnO_2の酸素放出を伴う熱分解は400℃程度で起こるため、200℃前後で分解する層状化合物の充電状態に対して安全性の面からはかなりの優位性がある。

電気化学的なリチウムの脱挿入反応とその機構の大枠は、Thackeray、Goodenoughらによって1984年に初めて報告された[14]。その後、1990年代前半にかけてThackerayらによってLi-Mn-O3元系における相図と電気化学特性との関係が実験的に整理され、この過程で$Li_4Mn_5O_{12}$や$Li_2Mn_4O_9$といった3V付近で動作する多くの新規相が発見された[15],[16]。$Li_xMn_2O_4$における充放電中の相変化を詳細に追跡し整理した研究としてはOhzukuらによるものが最も認知され引用されている[17]。平行してTarascon、Guyomardらは実用に向けたフルセルのプロトタイプの検討を行う中で、多くの問題抽出と改良手法を提案した[18],[19]。

1995年以降、Yamadaらにより、合成条件決定の際の指標となる温度・雰囲気依存の包括的な相関係がJahn-Teller効果の影響も含めて提供されている[20]〜[22]。実用開発が本格化する過程で、高温保存時にマンガンが正極から溶出し、負極に泳動してSEIにダメージを与える劣化機構が明らかとなり、これを解決すべくAmatucciらがアニオン・カチオン複合置換体による大幅な安定性向上に成功している[23]。

2000年以降は、さらなる安定性向上に向けた表面修飾に関する検討も行わ

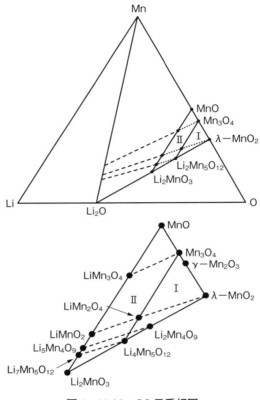

図1 Li-Mn-O3元系相図
Ⅰは4V領域、Ⅱは3V領域
〔J. Electrochem. Soc., 139, 363 (1992)〕

れている。

図1に、Li-Mn-O3元相図における代表的な化合物と、電気化学反応における発生電圧との関係を示す。また図2に典型例として$Li_xMn_2O_4$系の開回路電圧曲線を示す。

1.3 酸素酸塩化合物

骨格構造が固定された前提で材料修飾が行われる層状化合物やスピネル型化

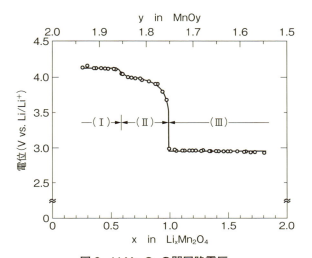

図2 $Li_xMn_2O_4$ の開回路電圧
〔J. Electrochem. Soc., 137, 769 (1990)〕

合物と異なり、酸素酸塩化合物は酸素酸イオンと遷移金属八面体の連結形態の自由度が高いことから多様な組成と構造を提供することが特徴である。これを反映して新規材料の提案も継続的に行われており、実用材料開発対象としての候補の選択肢も増え続けている。

酸素酸イオンの候補となるのは、$(PO_4)^{3-}$、$(P_2O_7)^{4-}$、$(SiO_4)^{4-}$、$(SO_4)^{2-}$、$(BO_3)^{3-}$、$(CO_3)^{2-}$などである。これらの酸素酸イオンは単体の酸化物イオンよりも電子親和力が強いため、複合化合物とした場合には単純酸化物と比較して遷移金属がより強くイオン化する。このため、同一の酸化還元対を対象に比較すると単純酸化物よりも高い電位を発生する。これを誘起効果（Inductive effect）と呼び、酸素酸塩系正極に共通して見られる特徴である。これにより、通常発生電圧の低いありふれた鉄の2価と3価の間の酸化還元反応が高電圧化し利用できるようになることは、材料設計上の大きな恩恵といえる。

しかし、酸素酸塩は結晶構造中により大きな空隙を含む傾向にあり、真密度は単純酸化物よりも総じて低い。したがって、体積エネルギー密度も低下傾向となるため、高エネルギー密度追求型の材料として位置づけることは多くの場

合、難しい。また、Fe^{2+}(d) よりも d 電子数の 1 つ少ない Mn^{2+}(d) を含む酸素酸塩正極は概して活性が極めて低く、あえて本書では触れないことにする。

酸素酸塩を電池のインターカレーション電極として位置づけた研究が始まったのは 1980 年代後半で、Na イオン伝導体中に遷移金属を導入する発想から、NASICON 型 $Na_{1+x}Ti_2(PO_4)_3$ や $Li_xFe_2(SO_4)_3$ などが、Delmas, Manthiram, Goodenough らによって最初に検討された[24),25)]。1990 年代後半にはリン酸塩を中心とした多様な化合物に対する集中的な検討が Goodenough を中心に行われ、その電気化学特性が化学結合と結晶構造の見地から体系化されている[26)]。この中から次節に述べる $LiFePO_4$ が 1997 年に報告され[27)]、さまざまな実用ニーズに適合する材料であることが後に認識され、2006 年に実用化を果たすことになる。

酸素酸塩化合物は組成と構造の多様性に富むため、新物質、新材料の発見・提案が今日まで継続的に行われている。特に Valence Technology 社は、非常に幅広い酸素酸塩化合物に対して電極特性についてのスクリーニング検討を精力的に行っており、数多くの特許や論文が公開されている。

1.4 オリビン型化合物

オリビン型の構造においては、歪んだ六方最密充填の酸素配列中の 4 配位位置の 1/4 をリンが、6 配位位置の 1/2 を鉄とリチウムが占有する。電子伝導性が $10^{-9} \sim 10^{-11}$ Scm^{-1} と極めて低いが、微粒子化やカーボン被覆を施すことで極めて高レートでの充放電が可能となる。微粒子化は、後述のリチウムの 1 次元拡散経路の連続性確保の点からも重要な施策である。

対リチウムで 3.4 V という電解液の安定電位窓への適度なマージンと高エネルギー密度を両立可能な電位を発生し、サイクル特性や安全性も層状正極やスピネル型正極よりも格段に高いレベルで確保される。特に安全性に関しては、充電状態での分解温度が 700 ℃ 以上という絶対的な優位性を有する。一方で真密度が 3.4 g cc^{-1} とやや低く、微粒子やカーボン被覆などにより電極密度が低下した状況でのみ性能が引き出されるため、高エネルギー密度追求型正極には

位置づけられていない。数十 nm の微粒子を層間化合物やスピネル型化合物で使いこなすのは、その安定性、安全性確保の観点から困難である。この視点からは、$LiFePO_4$ は微粒子化しても安定性を損なうことはない点が強みといえる。電極内での電子の連続伝導経路さえ確保してしまえば、低い電子伝導性は負荷特性を確保する上ではあまり問題とならず、高出力用途に適した材料という見方もできる。

歴史的に $LiFePO_4$ は、1980 年代後半以降に広く検討された多様な遷移金属含有リチウム酸素酸塩群の中の一つに位置づけられる。広く実用化され知名度も高いため、$LiFePO_4$ がすべての酸素酸塩系正極の端緒・基本と思い込む極端な誤認や曲解も一部にはあるが、実際は前節で述べたように酸素酸塩正極の開発が始まってから 10 年以上を経て見出されている。1997 年の Goodenough らによる報告が論文発表としては最初である[27]。当初、あまり大きな容量が得られておらず、電子伝導性も非常に低いことから否定的見解が多かったが、Hydro Quebec 社はその定置型用途電池向けの高い可能性にいち早く注目し、炭素被覆を施した粒子とポリマー電解質を組み合わせ、80 ℃ という高温ながら理論容量動作を達成し、1999 年に報告した[28]。Yamada らは低温で粒成長を抑制した高品質試料の合成により室温での理論容量動作を初めて実現し、2001 年に報告した[29]。両者の手法を組み合わせることで、Nazar、Dahn らが 2001〜2002 年に相次いで良好な特性を報告したことで $LiFePO_4$ の電極としての有望性は確固たるものとなり[30],[31]、その後、特性向上に向けた非常に多くの研究が行われた。

2006 年に米国のベンチャー企業が $LiFePO_4$ を正極に採用したリチウムイオン電池を電動工具用に実用化したのを皮切りに、電気自動車用、定置用、その他に幅広く用途を広げ、現在では複数の電池メーカーが正極材料として採用し、ビジネス展開を行っている。日本でも、ソニー、エリーパワーが 2009 年に定置用電池として量産を開始したのを始め、その後さらに採用が拡大している。最近は、プラグインハイブリッド自動車用リチウムイオン電池の正極としても一部採用され始めている。

Li$_x$FePO$_4$ は電極材料としての応用面のみならず、その反応熱力学とイオン・電荷の輸送特性が基礎検討の対象として多分野にわたる極めて多くの研究者の関心を引きつけてきた。開回路電圧がリチウム量に依存せず 3.4 V で一定であることから、当初は FePO$_4$ と LiFePO$_4$ の二相分離型反応とされてきたが[27]、200 nm 以下の粒子においては x = 0.1 近傍の組成領域で両者が部分的に固溶する領域が存在し[32]、粒子サイズの減少に伴いこの領域が拡大することが Yamada、Chiang らによって示された[33],[34]。さらに、Masquelier、Yazami, Fultz らは、温度上昇によっても固溶域は拡大し、300 ℃以上では全域固溶となることを報告している[35],[36]。固溶体は充放電動作中の非平衡状態においても二相分離界面付近に形成されることを Uchimoto[37]、Wagemaker[38]、Grey[39] らが報告しており、高速反応に重要な役割を担っていると考えられている。

　リチウムイオンと電子（ポーラロン）は対をなしてホッピングにより伝導し、その活性化エネルギーは 600〜700 meV 程度であることを Nazar、Ceder らが報告している[40],[41]。

　リチウムイオンの伝導経路について、Ceder[42]、Islam[43] らは第 1 原理計算による活性化エネルギーから、Yamada[44] らは中性子回折実験データの最大エントロピー法による解析から、それぞれ 010 方向への 1 次元に限定されると結論している。結晶欠陥により簡単にブロックされる 1 次元拡散系で高出力が得られるのは拡散のブロック確率が粒子サイズに強く依存するためで、欠陥生成を極力抑えた上で 150 nm 程度以下の粒子サイズに制御することの重要性が Ceder らによって示されている[45]。電極反応時の協力的 1 次元拡散による異方的界面形成が Richardson らによって実験的に観測され[46]、その生成・移動の動力学について、金属組織論を基本とする Phase Field モデルを用いた解析が Bazant らによって緻密に行われている[47]。

1.5　遷移金属複合型層状化合物

　遷移金属複合型層状化合物は、単純な固溶体ではなく複数の遷移金属の組成を等比とすることで高機能が実現された実用材料群である。

$LiCo_{1/3}Ni_{1/3}Mn_{1/3}O_2$ や $LiNi_{1/2}Mn_{1/2}O_2$ が検討対象の中心であり、Co^{3+}、Ni^{2+}、Mn^{4+} から構成される。したがって、3価イオンのみから形成される単純固溶体とは明確に区別される。

　$LiCoO_2$ や $LiNiO_2$ と同様の $\alpha-NaFeO_2$ 型構造を基本とするが、遷移金属層に混入した Li を核とする $\sqrt{3}a \times \sqrt{3}a$、あるいは $2\sqrt{3}a \times 2\sqrt{3}a$ 超格子構造が局所的に観測される。充電時には Ni^{4+}/Ni^{2+}、Co^{4+}/Co^{3+} の順に反応が起こり、放電時はこの逆が進行する。充放電反応に Mn は関与せず、4価の状態を保持する。作動電位は $LiCoO_2$ よりも若干低めであるが、ほぼ同等である。$LiCoO_2$ や $LiNiO_2$ では、急激なサイクル劣化が起こる充電カットオフ電圧を 4.3 V 以上として 200 mA h g^{-1} 程度の高容量で可逆動作させた場合でも、良好なサイクル特性を示す。充電時の熱安定性にも相対的に優れ、安全性の観点からも差別化が可能である。$LiNi_{1/2}Mn_{1/2}O_2$ の合成時には、リチウム層に遷移金属が混入しやすく、これを抑制することにより特性が大きく向上する。

　上述の高い容量と安定性を併せ持つ遷移金属複合型新規材料は、2001年から2002年にかけて、遷移金属間の層内相互作用による規則配列や電荷再配分、さらにはその安定性への着想から、Ohzuku[48],[49]らや Dahn[50]らによってほぼ同時に提示された。1990年代中盤以降の層状岩塩正極の多くの実験研究が $LiCoO_2$ や $LiNiO_2$ の合成条件や解析手法に頼った枝葉末節に陥り、単純固溶体による性能向上への手詰まり感があったこともあり、その後の研究開発の方向性が一気にこの遷移金属複合型新規材料にシフトした。また、この頃から Ceder らを中心にインターカレーション反応に適用されてきた第1原理計算手法が市民権を得て、実験と理論の協働による一段レベルアップした研究が一般化し[51]、現象の理解と最適化がより洗練された形で行われるようになった。特に $LiCo_{1/3}Ni_{1/3}Mn_{1/3}O_2$ は、"3元系正極"、"NMC正極" などの一般呼称も得て広く実用正極として普及している。

　以上に述べてきた正極材料のうち、代表的なものの特性比較を図3に示す。

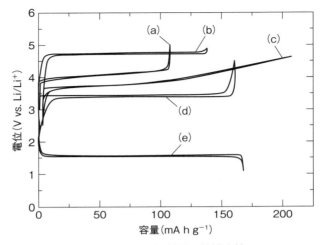

図3 代表的正極材料の特性比較
ただし、(e)は負極として使用される。
(a) $LiMn_2O_4$、(b) $LiNi_{0.5}Mn_{1.5}O_4$、(c) $LiCo_{1/3}Ni_{1/3}Mn_{1/3}O_2$、
(d) $LiFePO_4$、(e) $Li_4Ti_5O_{12}$
〔J. Power Sources, 174, 1258 (2007)〕

1.6 リチウム過剰層状化合物

 Li_2MnO_3 は初期の Mn が4価であるため、電気化学的なリチウム脱離は起こらないと考えられるが、実際には粒子サイズを抑制した上で4.5 V以上まで充電を行うと活性化する。この初期の高電圧領域までの充電は活性化過程と呼ばれる。不可逆容量や充放電ヒステリシスは非常に大きいものの、200 mA h g^{-1}程度の比較的大きな可逆容量を発現する。しかし、Li_2MnO_3 単独では充放電中のスピネル型への転移も進行し、良好な可逆性は得られない。

 Li_2MnO_3 の結晶構造における酸素のパッキング様式は $LiCoO_2$ や $LiNiO_2$ と同型であるが、Li 単独層と秩序配列した $Li_{1/3}Mn_{2/3}$ 層が交互に積層する形となる。そのため、Li_2MnO_3–LiM' O_2 を両端組成とする固溶体の設計が可能であり、300 mAh g^{-1} を超える可逆容量が実現可能な系として注目を集めている。初期の4.5 V以上の充電過程（初期活性化過程）において長距離秩序が大きく低下し、これを母相としてその後の充放電が進行する。初期活性化過程は、脱酸素反応、

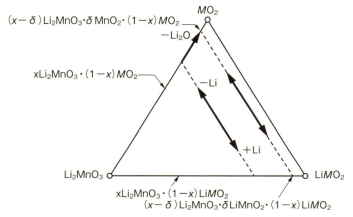

図 4　LiMO_2-Li$_2M'$O$_3$ 系正極における相関係
〔J. Mater. Chem., 17, 3112 (2007)〕

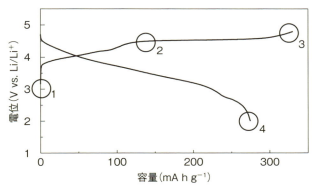

図 5　Li(Ni$_{0.17}$Li$_{0.2}$Co$_{0.07}$Mn$_{0.56}$)O$_2$ の高容量充放電特性
〔J. Power Sources, 196, 4785 (2011)〕

Li$_2$O の析出反応、酸素 2p 軌道からの電子の引き抜きなどの複合反応であり、主に関与する反応が粒子形態や充電電流によって変化するなど、複雑な様相を示す。統一的な理解に向けた検討が行われている。Li$_2$O の析出を前提とした充放電反応の全体的な描像は**図 4**のようにまとめられている[52]。

不活性と思われていた Li$_2$MnO$_3$ の高電位充電による活性化は、Bruce らに

よって2002年に見出された[53]。Dahn、Johnson、Thackerayらによりさまざまな$LiMO_2$との固溶系が合成され、特性向上が図られてきた[54),55)]。高容量発現メカニズムについても幅広く検討が行われ、図4に示す全体像がThackerayにより提示された[52]。Yabuuchi, Komabaらは、活性化過程とその後の副反応を含めた充放電機構の詳細について、多角的な評価手法を適用することで体系的な知見を提供している[56]。

図5に、Itoらによって報告された代表的な高容量初期充放電特性を示す。

1.7 新規酸素酸塩鉄系化合物

酸素酸塩の組成と構造の多様性に着目した材料探索は1980年代後半から現在に至るまで継続的に行われ、2006年に$LiFePO_4$が実用化された以降も多くの新規材料が報告されている。

特に、大型電池用途展開に向けたコスト・資源面での制約緩和に対するニーズが強まるにつれ、「酸素酸イオンを基本骨格に含み、鉄を酸化還元中心に据えたリチウム化合物」という研究開発の方向性が大きな流れを形成している。例えば、ケイ酸塩Li_2FeSiO_4は高負電荷（−4）陰イオンが提供するカチオン設計の自由度の高さと複数電荷応答の可能性、ホウ酸塩$LiFeBO_3$は最軽量オキソ酸イオンによる高理論容量化、のそれぞれの見地から検討されてきた。しかし、3V以下の低い発生電圧、充放電電位のヒステリシス、複数電子反応化時のサイクル劣化や活性低下、空気中の水分との反応性といった問題が露呈し、実用開発対象とするほどの素性の良さは備えていない。

F−、OH−を材料設計に取り込んだLi_2FePO_4F、$LiFePO_4OH$、$LiFeSO_4X(X=F, OH)$などの構成元素を増やした系の良好な高電圧電極特性が報告されているが、合成手法が複雑な上、フッ素イオンを含む化合物は潮解性も激しく、こちらも実用展開の対象外となっている。Li_2O−FeO−$P_2O_5$3元系でのシンプルな組成の材料探査から最近見出された材料に、3.5V以上の高電圧動作と安全性を高度に両立可能な$Li_2FeP_2O_7$がある。

新規物質Li_2FeSiO_4の電極特性はThomasらによって2005年に報告され[57]、

正 極 材

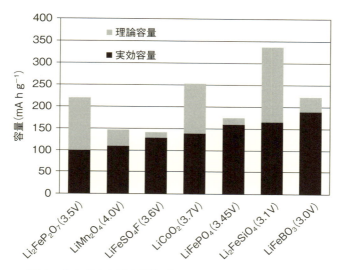

図6　さまざまな酸素酸塩系正極の理論容量と実効容量
〔MRS Bull., 39, 423 (2014)〕

　Yamadaらによってその結晶構造が2008年に解読された[58]。LiFeBO$_3$の1電子理論容量付近での動作は、合成時の注意深い雰囲気制御によりYamadaらによって2010年に達成、報告された[59]。フッ化リン酸塩の電極特性は、2007年のNazarらのA_2FePO$_4$F（A = Li, Na）に関する報告に始まり[60]、その後、Croguennecらにより派生体が研究されている[61]。低温合成によるフッ化硫酸塩とその多形の高電圧特性（3.6〜3.9 V）の発見はTarasconらにより2010〜2011年にかけて集中的になされた[62],[63]。Yamadaらは、潮解性イオンを含まないピロリン酸塩Li$_2$FeP$_2$O$_7$とその派生化合物においても3.5〜3.9 Vの電圧発生を実現できることを2010〜2013年にかけて報告している[64],[65]。

　酸素酸塩正極は、層状化合物正極と比較すると構成元素が1つ増えるため、理論容量ベースでのエネルギー密度の点で不利になる方向にはあるが、骨格構造が強固であるため理論容量に対する実際の利用率が高い傾向にあり、この点を勘案すると遜色のないエネルギー密度を実効的に取り出すことができることが多い（図6）[66]。

2 高電圧発生正極

　単電池を高電圧化することで電池システムにおける直列数を減らすことができるため、低コスト化と同時に間接的にエネルギー密度を向上させることが可能である。また、放電時のカットオフ電圧に対するマージンを大きく取れるため、余裕をもって出力特性が確保される。高電圧まで安定な電解液が開発適用され充電時の分解反応を抑制することができれば、有望な技術となり得る。ここでは、スピネル型正極材料の開発から派生した代表的な高電圧発生正極として、$LiNi_{1/2}Mn_{3/2}O_4$ について概観する。

　$LiMn_2O_4$ の Mn は、3d 遷移金属系列の Ti-Cu のすべてによって固溶置換することが可能であり、これによって Mn の酸化還元反応による 4 V 領域に加え、置換したヘテロイオンによる 5 V 付近での電位領域が現れる。Ni、Cu は 2 価、Cr、Fe、Co は 3 価、Ti は 4 価の状態でそれぞれ置換されるが、正極としての特性に優れるのは 4.7 V の電圧を発生する $LiNi_{1/2}Mn_{3/2}O_4$ であり、Mn はすべて 4 価、Ni はすべて 2 価の状態となる。その結晶構造には、Ni が Mn に囲ま

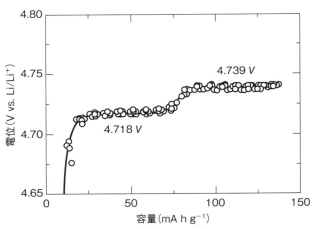

図7　高電圧正極 $Li(Ni_{1/2}Mn_{3/2})O_4$ の開回路電圧曲線
〔J. Electrochem. Soc., 151, A296 (2004)〕

れる形の規則配列により超格子構造をとる場合（空間群 P4$_3$32）と、両者がランダムに分布する場合（空間群 Fd3m）がある。良好な電極特性を示すのは秩序構造をとる場合である。

図7に典型的な充放電特性の違いを示す。秩序構造を有する場合、4.7 V 付近で2段階の2相分離反応領域による平坦な充放電特性を有し、LiMn$_2$O$_4$ よりも大きな 135 mA h g^{-1} 以上の可逆容量が得られる点が特徴的である。これに対し、秩序構造をとらない場合は 4.7 V 領域に加えて 4 V 領域が付加的に現れ、Li を半分以上脱離した場合は均一固溶反応となり、可逆容量もやや小さくなる。秩序構造を有する相を合成するためには、化学量論比を厳密に追い込むことと、そのための熱処理条件（700℃付近）を最適化することが必要である。さらに、安定動作のためには、酸化物イオンの積層面である安定な（111）面が選択的に暴露された高結晶性の粒子を使用することが有効である。

スピネル型構造中の遷移金属による高電位発生は、Li(Ni$_x$Mn$_{1-x}$)$_2$O$_4$ の検討の過程で 1997 年に Dahn らによって見出されている[67]。Li(M$_{1/2}$Mn$_{3/2}$)O$_4$ 系正極の体系的な研究結果が 1999 年に Ohzuku らにより報告されている[68]。その他、4.8 V 付近の高電圧を発生する正極として広く研究されているものに、Amine らによって 2000 年に最初に報告されたオリビン型 LiCoPO$_4$ があり[69]、最適化検討が進んでいる。

3 ナトリウムイオン電池用正極材料

ナトリウムイオン電池は 1980 年代から研究されている技術であるが、リチウムイオン電池の本格的な大型展開を控えて低コスト化や汎用元素化への問題意識が高まり、昨今再び注目を集めつつある。コストや資源戦略面の優位性が強調されることが多いが、遷移金属イオンとナトリウムイオンのイオン半径差が大きく、機能秩序構造を形成しやすいことから、電極材料の多様性はリチウム電池のそれをはるかに上回ると考えられている。さらには、Na イオンの高い分極性による優れた固体内拡散、弱いルイス酸性による高速界面反応などに

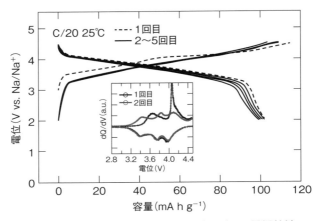

図8 アルオード石型 $Na_{2+2x}Fe_{2-x}(SO_4)_3$ の電極特性
〔Nature Comm., 5, 4358 (2014)〕

よる高速反応化の可能性に対する認知も定着しつつある[70]。

　動作原理は、リチウムイオン電池のリチウムイオンをナトリウムイオンに置き換えただけのものであるため、リチウムイオン電池の研究開発の過程で取り上げられた膨大な材料群とその派生物質が現在の検討対象の中心となっている。しかし、既存物質の組成や構造を基本にリチウムをナトリウムに置き換えるだけでは十分な性能を実現するには至っておらず、革新的な材料の開発が待たれている。特に、安価で資源リスクのない鉄を主体とする化合物を適用することが切望されているが、極めて難易度が高いとされてきた。また、大型電池においては、高電圧を得るために数十本以上の電池が直列接続される。電池システムとしての高エネルギー密度化や低コスト化に向けては、直列数を少なくすることが有効である。そのためには、単電池での高電圧化と狭い電圧範囲の動作特性が必要となるが、適合する正極材料がこれまで存在しなかった。その中で2014年に発表されたアルオード石型ナトリウム硫酸鉄は、3.8V高電圧発生による高エネルギー密度系を達成しつつも希少金属を一切含まない正極材料として提案され、ナトリウムイオン電池の利点が最大限抽出された状況での実現可能性が示唆された（**図8**)[71]。

正 極 材

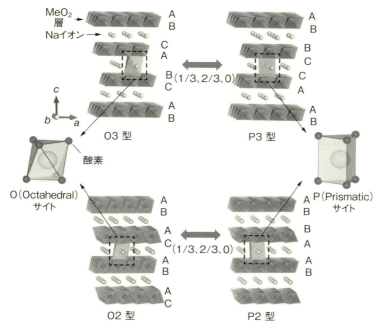

図9　層状構造における積層構造の分類
〔MRS Bull., 39, 416 (2014)〕

　ナトリウムイオン電池用正極材料に関する研究の歴史は非常に古く、1980～1981年にかけてのNewman、DelmasらによるTiS$_2$やNaCoO$_2$の研究に遡る[72],[73]。

　層状化合物を記述する際には、その構造の一般的記述法を理解しておく必要がある。通常、アルカリ金属イオンが占有する結晶学的サイトをO（Octahedral）、P（Prismatic）などアルファベット大文字1つで規定し、これに続く数字で積層周期単位に必要な層の数を表現する（**図9**）。PサイトをLiが占有することはできないが、サイズの大きなNaは占有することができる。また、A_xFeO$_2$化合物における層状岩塩型構造は、A＝Liの場合はCo、Niなど限られた3d遷移金属に対してしか安定相として得られないのに対し、A＝Naの場合はすべての3d遷移金属に対して安定化する。その典型例として

2004年にOkadaらは、リチウム系では合成も動作も不可能なO3型Na_xFeO_2の可逆的充放電を80 mA h g^{-1}程度の限定された容量範囲で示した[74]。

Na含有層間化合物の多様性に注目した幅広い元素と構造の組合せへの展開研究が、Yabuuchi、Komabaらによって2010年以来、集中的に行われている[75],[76]。しかし、全体的な傾向として電位が予想以上に低下しつつ幅広い領域に分散する傾向や潮解性の問題があり、当初期待されたほど実用解の選択肢は広がっていない。その中でO3型$NaCrO_2$やO3型$Na(Co_{1/2}Fe_{1/2})O_2$などは3 V付近で比較的良好な特性を示す[77],[78]。Na_xCrO_2の可逆容量は100 mA h g^{-1}程度であるが、高温での安定性に格段に優れており[79]、常温溶融塩を電解質に用いたナトリウムイオン電池の正極として開発が進んでいる。

酸素酸塩についても幅広く検討が行われており、中でもバナジウムを含む酸素酸塩は高電圧動作を示すものが多く、$Na_3V_2(PO_4)_2F_3$は3.7〜4.2 V付近で100 mA h g^{-1}程度の可逆容量をもつことから、電池システムを検討する上での標準的な正極材料として用いられることも多い[80]。トヨタ自動車の研究グループは、オルト・ピロリン酸複合系である$Na_4M_3(PO_4)_2P_2O_7$系において、可逆容量は90 mA h g^{-1}程度ながら、M=Coの場合に特異的な電極活性が4.5 Vという高電圧で得られることを2013年に報告している[81]。

理想的とされる鉄を主体とする材料については、リチウム電池で多大な成功を収めた$LiFePO_4$と同型の$NaFePO_4$の電極特性が2010年にGuyomardらにより発表されたが[82]、両者の相図は全く異なる[83]。残念ながら直接合成ができず活性の低下も著しいため、実用展開の対象にはなっていない。

Yamadaらは、2012年に3 V付近で100 mA h g^{-1}の容量を有し、高温での熱安定性に極めて優れる$Na_2FeP_2O_7$を[84]、さらに2014年には3.8 Vの超高電圧を発生しリチウムイオン電池と同等以上のエネルギー密度を見通すことのできる新材料、アルオード石型$Na_2Fe_2(SO_4)_3$を報告している（図8）[71]。

☆　　　☆

1980年代にリチウムイオン電池の基本概念が提案され、実用化と用途拡大が進展してきた中で、正極材料に関する膨大な数の論文が発表されており、そ

のすべてを限られた紙面で網羅するのは到底不可能である。この間、物性理解において第1原理計算による理論的アプローチを活用・併用することは実験研究者にとっても当たり前となり、材料探索についても多元相図上の組成トレース検討の手数と偶然に頼る従来の手法から情報学を駆使した予測・スクリーニング手法（マテリアルズインフォマティクス）への転換が進んでいる。本章は、未来志向の読者が、ベースとなるこの分野の概要と過去の知見を効率的に把握できるように執筆したつもりであり、参考文献には、これまでの実用正極材料研究における材料発見、反応機構解明、最適化検討においてポイントとなり、国際的にも一定の客観評価を得ているオリジナル論文を取捨選択してリストした。ここに列挙されていない多くのトライアル研究や探索研究、詳細な物性研究、特許が存在することも付記しておく。

参 考 文 献

1) K. Mizushima, P.C. Jones, P.J. Wiseman, and J.B. Goodenough : *Mater. Res. Bull.* 15, 783 (1980)
2) M. S. Whittingham : *Science* 192, 1126 (1976)
3) J. N. Reimers and J. R. Dahn : *J. Electrochem. Soc.*, 139, 2091 (1992)
4) T. Ohzuku, A. Ueda, and M. Nagayama : *J. Electrochem. Soc.*, 141, 2972 (1994)
5) M. Menetrier, I. Saadoune, S. Levasseur, and C. Delmas : *J. Mater. Chem.*, 9, 1135 (1999)
6) C. A. Marianetti, G. Kotlar, and G. Ceder : *Nature Mater.*, 3, 627 (2004)
7) T. Ohzuku, A. Ueda, and M. Nagayama : *J. Electrochem. Soc.*, 140, 1862 (1993)
8) W. Li, J. N. Reimers, and J. R. Dahn : *Sold State Ionics*, 67, 123 (1993)
9) M. Guilmand, L. Croguennec, D. Denux, and C. Delmas : *Chem. Mater.*, 15, 4476 (2003)
10) R. J. Gummow, D. C. Liles, and M. M. Thackeray : *Mater. Res. Bull.*, 28, 1249 (1993)
11) A. R. Armstrong and P. G. Bruce : *Nature*, 381, 499 (1996)
12) F. Capitaine, P. Gravereau, and C. Delmas : *Solid State Ionics*, 89, 197 (1996)
13) E. J. Wu, P. D. Tepech, and G. Ceder : *Philos. Mag.*, 77, 1039 (1998)
14) M. M. Thackeray, P. J. Jhonson, L. A. Depocciotto, P. G. Bruce, and J. B.

Goodenough：*Mater. Res. Bull.*, 19, 179 (1984)
15) R. J. Gummow, A. de Kock, and M. M. Thackeray：*Solid State Ionics*, 69, 59 (1994)
16) M. M. Thackeray：*Prog. Solid State Chem.*, 25, 1 (1997)
17) T. Ohzuku, M. Kitagawa, and T. Hirai：*J. Electrochem. Soc.*, 137, 769 (1990)
18) D. Guyomard and J. M. Tarascon：*J. Electrochem. Soc.*, 139, 937 (1992)
19) J. M. Tarascon and D. Guyomard：*Electrochim. Acta*, 38, 1221 (1993)
20) A. Yamada, K. Himokuma, K. Miura, and M. Tanaka：*J. Electrochem. Soc.*, 142, 2149 (1995)
21) A. Yamada and M. Tanaka：*Mater. Res. Bull.*, 30, 715 (1995)
22) A. Yamada：*J. Solid State Chem.*, 122, 160 (1996)
23) G. G. Amatucci, N. Pereira, T. Zheng, and J. M. Tarascon：*J. Electrochem. Soc.*, 148, A171 (2001)
24) A. Manthiram and J. B. Goodenough：*J. Solid State Chem.*, 71, 349 (1987)
25) C. Delmas, A. Nadiri, and J. L. Soubeyroux：*Solid State Ionics*, 28-30, 419 (1988)
26) A. K. Padhi, K. S. Nanjundaswamy, C. Masquelier, S. Okada, and J. B. Goodenough：*J. Electrochem. Soc.*, 144, 1609 (1997)
27) A. K. Padhi, K. S. Nanjundaswamy, and J. B. Goodenough：*J. Electrochem. Soc.*, 144, 1188 (1997)
28) N. Ravet, J. B. Goodenough, S. Besner, M. Simoneau, P. Hovington, and M. Armand：Abstract 127, *The Electrochemical Society and the Electrochemical Society of Japan Meeting Abstracts*, 99-2, Honolulu, HI, Oct 17-22 (1999)
29) A. Yamada, S. C. Chung, and K. Hinokuma：*J. Electrochem. Soc.*, 148, A224 (2001)
30) H. Huang, S. C. Yin, and L. F. Nazar：*Electrochem. Solid State Lett.*, 4, A170 (2001)
31) Z. H. Chen and J. R. Dahn：*J. Electrochem. Soc.*, 149, A1184 (2002)
32) A. Yamada, H. Koizumi, S. Nishimura, N. Sonoyama, R. Kanno, M. Yonemura, T. Nakamura, and Y. Kobayashi：*Nature Mater.*, 5, 357 (2006)
33) G. Kobayashi, S. Nishimura, M. S. Park, R. Kanno, M. Yashima, T. Ida, and A. Yamada：*Adv. Func. Mater.*, 19, 395 (2009)
34) N. Meethong, H.-Y. S. Huang, W. C. Carter, Y.-M. Chiang：*Electrochem. Solid-State Lett.* 10, A134 (2007)
35) C. Delacourt, P. Poizot, J. M. Tarascon, C. Masquelier：*Nat. Mater.* 4, 254 (2005)
36) J. Dodd, R. Yazami, and B. Fultz：*Electrochem. Solid-State Lett.* 9, A151 (2006)
37) Y. Orikasa, T. Maeda, T., Y. Koyama, H. Murayama, K. Fukuda, H. Tanida, H. Arai, E. Matsubara, Y. Uchimoto, Z. Ogumi：*J. Am. Chem. Soc.* 135, 5497 (2013)

38) X. Zhang, M. van Hulzen, D. P. Singh, A. Brownrigg, J. P. Wright, N. H. van Dijk, and M. Wagemaker : *Nano Lett.* 14, 2279 (2014)
39) H. Liu, H. Strobridge, F. C., Borkiewicz, O. J., Wiaderek, K. M., Chapman, K. W., Chupas, P. J., and Grey, C. P. : *Science*, 344, 6191 (2014)
40) B. Ellis, L. K. Perry, D. H. Ryan, and L. F. Nazar : *J. Am. Chem. Soc.*, 128, 11416 (2006)
41) T. Maxisch, F, Zhou, and G. Ceder : *Phys. Rev. B*, 72, 104301 (2006)
42) D. Morgan, A. V. der Ven, and G. Ceder : *Electrochem. Solid-State Lett.* 7, A30 (2004)
43) M. S. Islam, D. Driscoll, C. Fisher and P. Slater : *Chem. Mater.* 17, 5085 (2005)
44) S. Nishimura, G. Kobayashi, K. Ohoyama, R. Kanno, M. Yashima, and A. Yamada : *Nature Mater.* 7, 707 (2008)
45) R. Malik, D. Burch, M. Bazant, and G. Ceder : *Nano Lett.*, 10, 4123 (2010)
46) G. Chen, X. Song, and T. J. Richardson : *Electrochem. Solid State Lett.*, 9, A295 (2006)
47) Y. Li, F. E. Gabaly, T. R. Ferguson, R. B. Smith, N. C. Bartelt, J. D. Sugar, K. R. Fenton, D. A. Cogswell, A. L. David Kilcoyne, T. Tyliszczak, M. Z. Bazant, and W. C. Chueh : *Nature Mater.*, DOI:10.1038/NMAT4084 (2014)
48) T. Ohzuku and Y. Makimura : *Chem. Lett.*, 8, 744 (2001)
49) T. Ohzuku and Y. Makimura : *Chem. Lett.*, 7, 642 (2001)
50) Z. Lu, D.D. MacNeil, J.R. Dahn : *Electrochem. Solid-State Lett.* 4, A191 (2001)
51) N. Yabuuchi, Y. Koyama, N. Nakayama, and T. Ohzuku : *J. Electrochem. Soc.*, 152, A1434 (2005)
52) M. M. Thackeray, S.-H. Kang, C.-S. Johnson, J. T. Vaghey, R. Benedek, and S. A. Hackney : *J. Mater. Chem.*, 17, 3112 (2007)
53) A. D. Robertson and P. G. Bruce : *Chem. Comm.*, 23, 2790 (2002)
54) Z. Li, L. Y. Beaulieu, R. A. Donaberger, C. L. Thomas, and J. R. Dahn : *J. Electrochem. Soc.*, 149, 6, A778 (2002)
55) M. M. Thackeray, S. Kang, C. S. Jhonson, J. T. Vaughey, and S. A. Hackney : *Electrochem. Comm.*, 89, 1531 (2006)
56) N. Yabuuchi, K. Yoshii, S. T. Myung, I. Nakai, and S. Komaba : *J. Am. Chem. Soc.*, 133, 4404 (2011)
57) A. Nytén, A. Abouimrane, M. Armand, T. Gustafsson and J. O. Thomas : *Electrochem. Commun.*, 7, 156 (2005)
58) S. Nishimura, S. Hayase, R. Kanno, M. Yashima, N. Nakayama, and A. Yamada :

J. Am. Chem. Soc., 130, 13212 (2008)

59) A. Yamada, N. Iwane, Y. Harada, S. Nishimura, Y. Koyama, and I. Tanaka : *Adv. Mater.*, 22, 3583 (2010)
60) B. L. Ellis, W. R. M. Makahnouk, Y. Makimura, K. Toghill, and L. F. Nazar : *Nature Mater.*, 6, 749 (2009)
61) N. Marx, L. Croguennec, D. Carlier, A. Wattiaux, F. Le Cras, E. Suard, and C. Delmas : *Dalton Transactions*, 39, 5108 (2010)
62) N. Recham, J. N. Chotard, L. Dupont, C. Delacourt, W. Walker, M. Armand, and J. M. Tarascon : *Nature Mater.*, 9, 68 (2010)
63) P. Barpanda, M. Ati, B. C. Melot, G. Rousse, J–N. Chotard, M–L. Doublet, M. T. Sougrati, S. A. Corr, J–C. Jumasand, and J–M. Tarascon : *Nature Mater.*, 10, 772 (2011)
64) S. Nishimura, M. Nakamura, R. Natsui, and A. Yamada : *J. Am. Chem. Soc.*, 132, 13596 (2010)
65) T. Ye, P. Barpanda, S. Nishimura, N. Furuta, S.–C. Chung, and A. Yamada : *Chem. Mater.*, 25, 3623 (2013)
66) A. Yamada : *MRS Bull.*, 39, 423 (2014)
67) Q. Zhong, A. Babakdapour, M. Zhong, Y. Cao, and J. R. Dahn : *J. Electrochem. Soc.*, 144, 205 (1997)
68) T. Ohzuku, S. Takeda, and M. Iwanaga : *J. Power Sources*, 81–82, 90 (1999)
69) K. Amine, H. Yasuda, and M. Yamachi : *Electochem. Solid State Lett.*, 3, 178 (2000)
70) M. Okoshi, Y. Yamada, A. Yamada, and H. Nakai : *J. Electrochem. Soc.*, 160, A2160 (2013)
71) P. Barpanda, G. Oyama, S. Nishimura, S.–C. Chung, and A. Yamada : *Nature Comm.*, 5, 4358 (2014)
72) G. H. Newman and J. P. Klemann : *J. Electrochem. Soc.*, 126, C307 (1979)
73) C. Delmas, J. J. Braconnier, C. Fouassier, and P. Hagenmuller : *Solid State Ionics*, 3-4, 165 (1981)
74) J. Zhao, L. Zhao, N. Dimov, S. Okada, and T. Nishida : *J. Electrochem. Soc.*, 160, A3077 (2013)
75) N. Yabuuchi, M. Kajiyama, J. Iwatate, H. Nishikawa, S. Hitomi, R. Okuyama, R. Usui, Y. Yamada, and S. Komaba : *Nature Mater.* 11, 512 (2012)
76) K. Kubota, N. Yabuuchi, H. Yoshida, M. Dahbi, and S. Komaba : MRS Bull., 39, 416 (2014)

77) J. J. Braconnier, C. Delmas, and P. Hagenmuller : *Mater. Res. Bull.*, 17, 993 (1982)
78) H. Yoshida, N. Yabuuchi, and S. Komaba : *Electrochem. Comm.*, 34, 60 (2013)
79) X. Xia and J. R. Dahn : *Electrochem. Solid State Lett.*, 15, A1 (2012)
80) Y. U. Park, D. H. Seo, B. Kim, K. P. Hong, H. Kim, S. Lee, R. A. Shakoor, K. Miyasaka, J. M. Tarascon, K. Kang : *Sci. Rep.* 2, 704 (2012)
81) M. Nose, H. Nakayama, K. Nobuhara, H. Yamaguchi, S. Nakanishi, and H. Iba : *J. Power Sources*, 234, 175 (2013)
82) P. Moreau, D. Guyomard, J. Gaubicher, and F. Boucher : *Chem. Mater.*, 22, 4126 (2010)
83) J. Lu, S. C. Chung, S. Nishimura, and A. Yamada : *Chem. Mater.*, 25, 4557 (2013)
84) P. Barpanda, T. Ye, S. Nishimura, S.-C. Chung, Y. Yamada, M. Okubo, H. S. Zhou, and A. Yamada : *Electrochem. Comm.*, 24, 116 (2012)

第Ⅱ部 部材編

電　解　質

1　リチウムイオン電池の電解質の種類

電解質は電池を構成する基本要素の一つで、電極で進行する一連の電気化学反応を円滑に完結させる役割を果たすものである。

リチウムイオン電池における電荷の流れを**図1**に模式的に示す。例えば放電過程では、負極（アノード）で生成した電子は外部回路を通して正極（カソード）に到達し、還元反応によって消費される。電解質は、それぞれの電極における電荷補償と電極間の導通のために高濃度でイオンを含有する「イオン導体」でなければならない。一方で、電子的には高度な絶縁性が求められるために、電池の電解質としては塩を極性溶媒に溶解した電解質溶液が一般的に用いられる。

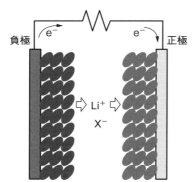

負極：$C_xLi \rightarrow xC + Li^+ + e^-$
正極：$MY_z + Li^+ + e^- \rightarrow LiMY_z$

図1　リチウムイオン電池における電荷の流れ（放電時）

電 解 質

　鉛蓄電池やニカド電池など従来型の蓄電池では、それぞれ硫酸や苛性カリの濃厚水溶液が電解質として使われているが、リチウムイオン電池に代表されるリチウム系の蓄電池では、負極と正極で起こる反応のエネルギー差が大きいために一般に水（H_2O）は溶媒として用いることが困難である。すなわち、電解質としては非水系の材料を用いる必要があるが、その選択肢は多岐にわたり、これまで多くの系が提案され使用されてきている[1]。

　リチウムイオン電池の電解質として利用できる系を**表1**に示す。表には実用電池の電解質として具備すべき特性に関する相対評価も示している。

　電解質に要求される主な性能として以下のようなことがある。
① 高いイオン伝導性とリチウムイオン輸率を有する（電子的には絶縁体）。
② 広い電位窓をもつ（電気化学的な酸化還元耐性が高い）。
③ 電極活物質に対して高い濡れ性を示す。
④ 広い温度範囲にわたって物性値が変化しない。
⑤ 他の電池構成部材と反応せず安定である。
⑥ 安全性に優れ人体に無害である。

表1　リチウムイオン電池用電解質の比較

	有機電解液	ポリマー電解質	ゲル電解質	イオン液体（常温溶融塩）	無機固体電解質
構成	有機溶媒＋無機Li塩	有機ポリマー＋無機Li塩	有機ポリマー＋無機Li塩＋有機溶媒	有機塩＋無機塩	無機酸化物、硫化物、ほか
イオン伝導度（室温）	比較的高い	低い	比較的高い	高い	低い
カチオン輸率	やや低い	低い	やや低い	やや低い	高い
低温特性	比較的よい	悪い	比較的よい	問題多い	悪い
高温安定性	悪い	比較的よい	悪い	比較的よい	よい
電池構造	やや複雑	簡単	簡単	やや複雑	やや複雑
安全・信頼性	やや低い	高い	やや高い	やや高い	高い
実用性	実用中	将来技術	一部実用中	将来技術	将来技術

⑦構成材料が安価で経済的に見合う。

これらの要求項目を全て満足する系は限られており、実用電池ではその用途に応じて各項目の優先度が考慮される。

これまで実用されてきた系は有機溶媒系とポリマーゲル系のみであるが、それらに関しても要求性能を十分に満足しているわけではなく、相対的に「許容可能」というに過ぎない。

$LiPF_6$などの無機リチウム塩をアルキルカーボネート系の混合溶媒に溶解した有機溶媒系は、広い温度範囲にわたってイオン伝導特性に優れ、リチウムイオン電池の開発当初から使われてきている。ポリ（エチレンオキシド）（PEO）〔またはポリ（オキシエチレン）（POE）〕などの極性基をもつポリマーは固相でリチウム塩を溶解し、固体中のアモルファス部をイオンが拡散することにより高いイオン伝導性を示す。ポリマー電解質（あるいは「真性ポリマー電解質」ともいう）と総称されるこれら複合体については数多くのリチウム塩／ホストポリマーの組合せが提案されたが、室温以下でのイオン伝導性が低いこととリチウムイオン（Li^+）の輸率が低い〔すなわち、電解質中での対アニオン（陰イオン）の移動度の方が大きい〕ために実用電池には採用されていない。

ポリマーゲル電解質は、有機溶媒電解質溶液をホストポリマーで固化した構造のものや、ポリマー電解質を極性溶媒などにて膨潤した複合体で、溶液電解質と真性ポリマー電解質の中間的性質を示す。すなわち、イオン伝導特性は溶液電解質とほぼ同等でありながら固体状の電解質であるために蒸気圧が低く比較的簡易なセル封止が可能である。種々のホストポリマーと有機溶媒の組合せが提案され、小型のラミネート電池に適用されている。「リチウムポリマー電池」と称されるものの多くはこの種のポリマーゲル電解質を用いたものである。

無機化合物を主成分とする固体電解質についても多くの提案がある。リチウム含有酸化物の中には中高温領域（常温～300℃）で高いLi^+移動度をもつものがある。硫化物を含む非晶質体（ガラス）においても高いLi^+移動度を示すものが報告されている。これらは前述のポリマー電解質と異なり固体中をLi^+のみが移動する（Li^+の輸率がほぼ1）ので、イオン伝導度としては10^{-3}S cm^{-1} 程度でもリチウムイオン電池の電解質としては十分機能する。液体成分を一切使用しないので安全性と信頼性に優れた次世代リチウムイオン電池の電解質として開発が進められているが、現時点では、その特徴を活かしてモバイル機器の電源用など小形電池への適用が優先されている。

可燃性の有機溶媒を用いない溶融塩電解質も安全性に優れた電池を構成するための重要な選択肢の一つである。溶融塩電解質は、無機元素のみから構成される無機溶融塩と有機イオンを含む溶融塩に分類される。前者は比較的高温領域のみで液体状態となるのに対し、後者には室温以下でも液体状態を保つもの（いわゆるイオン液体）が数多く見出されている。リチウムイオン電池の電解質として適用するには系にLi種を含有する必要があるが、多くの場合、複数のカチオン（陽イオン）種を含む多成分系となる。

2 有機溶媒電解液

2.1 有機溶媒電解液の基本構成

現在使用されているリチウムイオン電池ではほとんどの場合、非プロトン性（活性水素をもたない）の有機溶媒にリチウム塩を溶解した、いわゆる有機溶媒電解液が用いられている。

表2[2)]に電池電解液として使用可能な有機溶媒とその主要物性を比較している。物性値のうち双極子モーメント（μ）と比誘電率（ε_r）は電解質塩を高濃度で溶解しイオン解離する性質に関係する。粘度（η）は解離したイオンの拡散（移動）速度に関係するため、高いイオン伝導度を与えるためには低い値であることが望ましい。ドナー数（D_n）とアクセプター数（A_n）はそれぞれ溶媒の塩基性度と酸性度を表す指標で、それぞれカチオンおよびアニオンとの相互作用の強さを示す尺度となる。

エチレンカーボネート（EC）やプロピレンカーボネート（PC）などの環状エステル化合物は、分子構造が剛直であるために双極子モーメントが大きく、比誘電率も高い反面、分子会合を起こしやすく比較的高い粘度を示す。

表2 リチウム系電池の電解質溶媒:物性比較

溶媒(略号)	融点 (℃、1 atm)	沸点 (℃、1 atm)	比誘電率[a]	粘度[a] (cP)	双極子 モーメント (Debye)	ドナー数	アクセプ ター数
エチレンカーボネート(EC)	39〜40	248		1.86[c]	4.8	16.4	—
プロピレンカーボネート(PC)	−49.2	241.7	64.4	2.53	5.21	15.1	18.3
ジメチルカーボネート(DMC)	0.5	90〜91	—	0.59	—	—	—
ジエチルカーボネート(DEC)	−43	126.8	2.82	0.748	—	—	—
エチルメチルカーボネート(EMC)	−55	108	2.9	0.65	—	—	—
1,2-ジメトキシエタン(DME)	−58	84.7	7.2	0.455	1.07	24	—
テトラヒドロフラン(THF)	−108.5	65	7.25[b]	0.46[b]	1.71	20	8
2-メチルテトラヒドロフラン(MTHF)	—	80	6.24	0.457	—	—	—
1,3-ジオキソラン(DOL)	−95	78	6.79[b]	0.58	—	—	—
4-メチル-1,3-ジオキソラン(MDOL)	−125	85	6.8	0.60	—	—	—
ジエチルエーテル(DEE)	−116.2	34.6	4.27	0.224	1.18	19.2	3.9
γ-ブチロラクトン(GBL)	42	206	39.1	1.751	4.12	—	—
3-メチルオキサゾリジノン(MOX)	15.9	—	77.5	2.45	—	—	—
ギ酸メチル(MF)	−99	31.5	8.5[d]	0.33	1.77	—	—
スルホラン(SL)	28.86	287.3	42.5[b]	9.87[b]	4.7	14.8	19.3
ジメチルスルホキシド(DMSO)	18.42	189	46.45	1.991	3.96	29.8	19.3
アセトニトリル(AN)	−45.72	81.77	38	0.345	3.94	14.1	18.9

a) at 25 ℃、b) at 30 ℃、c) at 40 ℃、d) at 20 ℃.

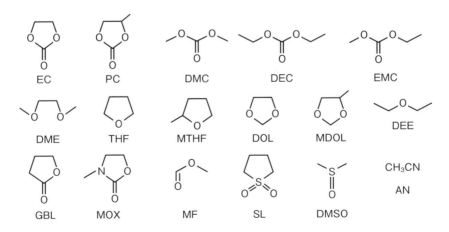

ジエチルカーボネート（DEC）やジメチルカーボネート（DMC）などの鎖状エステルはECなどと同じアルキルエステルに分類されるが、アルキル基の回転障壁が小さいため双極子モーメントや比誘電率は低く、分子間の会合も比較的弱いため粘度も低い。

テトラヒドロフラン（THF）や1,2-ジメトキシエタン（DME）などエーテル系の溶媒は粘度が低く、カチオン（Li$^+$）との相互作用が強い（ドナー数が大きい）ので、比較的高いイオン伝導度を実現できる。初期のリチウム一次電池では電解質溶媒に使われた実績があるが、リチウムイオン電池では正極側での耐酸化性に乏しく、また蒸気圧が高いために溶媒成分としては不適である。

アセトニトリル（AN）は双極子モーメントが大きいために誘電率も比較的高く、多くの塩を高濃度で溶解する。さらに溶媒分子間の会合が起こりにくいために溶液の粘度も低く、高いイオン伝導度をもつ電解質溶液が得られる。しかしながら、AN分子は還元雰囲気下では反応活性が高く、例えばLi金属とは容易に反応する。

スルホンなど含イオウ化合物も溶媒として使用可能であるが、融点が高いものが多く、それら単独では溶媒として利用しにくい。スルホラン（SL）やジメチルスルホン（DMS）などの含イオウ化合物は総じて粘度が高く、また融点も高いため、他の溶媒と混合して、あるいは電解液への添加成分として検討されている。

電解液の安定電位領域とは、不活性金属を指示電極とした場合、電解液の酸化および還元が事実上進行しない電位範囲のことを指し、電位窓とも呼ばれる。電池においては電位窓が広い電解質系が望ましいが、有機溶媒のみならず電解質塩によって反応性は大きく異なる。有機溶媒の酸化および還元反応は、分子軌道におけるHOMOおよびLUMOのエネルギーと相関する。**表3**[3]に量子化学計算に基づいた主な溶媒化合物のHOMO/LUMOエネルギーと電気化学測定で得られた酸化電位および還元電位を比較して示す。

これら有機化合物のHOMO/LUMO間のエネルギー差は10 eV以上あるが、電気化学測定により得られる電位窓はせいぜい6V程度である。これは、

表 3　主な溶媒(アルキルカーボネート)の HOMO/LUMO および還元電位(E_{red})／酸化電位(E_{ox})

溶媒	略称	構造式	HOMO (eV)	LUMO (eV)	E_{red} (E'_{red})* (V vs. Li/Li$^+$)	E_{ox}* (V vs. Li/Li$^+$)
エチレンカーボネート	EC		−11.78	1.18	0.0	6.2
ジメチルカーボネート	DMC		−11.95	0.95	0.0	6.5
エチルメチルカーボネート	EMC		−11.51	1.29	0.0	6.7
ジエチルカーボネート	DMC		−11.45	1.26	0.0	6.7

＊宇恵誠：自動車用リチウムイオン電池(金村聖志編著)、第Ⅱ部、電解質、日刊工業新聞社(2010)より

　HOMO/LUMO のエネルギー準位がそれぞれ広がりをもっており、また電解液中での反応に対してはさらにエネルギーの広がりがあるためである。例えば EC の電気化学還元は EC の LUMO への電子供与から開始されるが、その反応は LUMO 準位よりも 1eV 程度低いエネルギー(電気化学的には貴な電位)で起こる。一方で酸化反応は HOMO からの電子引き抜きから起こるが、この場合は HOMO 準位よりも高いエネルギーで反応が開始する。この関係を模式的に**図2**に示す。

　実際の電池系では、電極は活物質のほかに導電補助剤やバインダーを含んだ複雑な系であり、電位窓を決定するための電極(白金やガラス状カーボン)とは条件がかなり異なる。とりわけ導電補助剤に用いられるカーボンブラック類は比表面積が大きく、有機物の酸化・還元に対して高い活性をもつことが多い

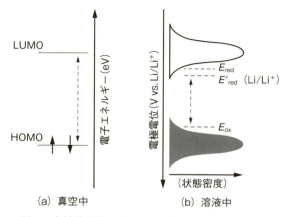

図2 有機化合物の HOMO/LUMO と
還元電位（E_{red}）／酸化電位（E_{ox}）の概略関係

ので、例えば白金電極で測定された電位窓がそのまま電池の作動可能電圧ということにはならない。しかしながら、不活性電極を用いて測定された電位窓の値であっても、その相対比較は電解質（液）選択において重要な指針となることには違いない。

リチウムイオン電池の電解質塩には多くの場合、$LiPF_6$ が用いられている。材料設計としては、上記の非プロトン性有機溶媒に可溶で、かつ溶液中でイオン解離し、高濃度の Li^+ を提供できるものであれば必ずしもこの塩に限定されるものではないが、現状では選択肢が少ない。

表4にこれまで検討されてきたリチウム塩の主なものと、その電解液としての性質を比較して示す。Li^+ が小さいカチオンであるために、塩の溶解とイオン解離の観点から対アニオンはサイズの大きなものが選ばれる。すなわち、LiCl などのハロゲン化物や $LiNO_3$ などの無機アニオンからなる塩は有機溶媒には溶解度が低いために使用できない。$LiClO_4$ や $LiBF_4$ などのサイズの大きなアニオンとの塩は有効であるが、前者は電気化学反応性が高く、また有機物共存下での熱安定性に問題がある。

$LiCF_3SO_3$ などの有機アニオン塩はアルキルカーボネート溶媒に対して比較

表4 リチウムイオン電池に使用可能な電解質塩

電解質塩	イオン伝導度	熱的・化学的安定性	その他の特徴
$LiPF_6$	高い	高温で分解,加水分解しやすい	電極上で安定な界面相を形成
$LiBF_4$	やや低い	安定	電極上で伝導性のやや低い界面相を形成
$LiClO_4$	高い	高温で分解しやすい	高温下で反応性大
$LiCF_3SO_3$	やや低い	安定	正極集電体（Al）を腐食
$Li(CF_3SO_2)_2N$（LiTFSA）（その類塩）	高い	安定,加水分解しやすいものもある	正極集電体（Al）を腐食
$Li(FSO_2)_2N$（LiFSA）	高い	安定	電極上で安定な界面相を形成
$Li(C_2O_2)_2B$（LiBOB）	やや低い	安定	電極上で伝導性のやや低い界面相を形成

的高い溶解度をもつが、電気化学安定性にやや乏しく、また集電体などに用いられる金属材料（アルミニウムなど）と反応しやすい欠点をもつ。

$Li(CF_3SO_2)_2N$（LiTFSA）や $Li(C_2F_5SO_2)_2N$（LiBETA）などのアミド塩は溶解度が高く、熱的・化学的に安定であるが、$LiCF_3SO_3$ と同様、正極集電体の金属を腐食する傾向がある。ただし、これらのフロロアルキル（Rf）基がフッ素に代わった $(FSO_2)_2N^-$ を対アニオンとする $Li(FSO_2)_2N$（LiFSA）は、正極集電体に対する腐食性が低く、また高いイオン伝導度を与えるので単独であるいは混合して使用可能である。$(C_2O_4)_2B^-$ を対アニオンとする塩（LiBOB）もその可能性が広く検討されたが、電極活物質との「適性」が乏しい場合が多く、実用リチウムイオン電池では単独で用いられることはない。

PF_6^- は電気化学的に安定でアルキルカーボネート溶媒に対する溶解度も高く、高いイオン伝導度を与えるので、リチウムイオン電池の開発初期から使用されてきた。当初は不純物として含まれるフリーのフッ化物（LiF、HFなど）のために電池性能が安定しないことも指摘されたが、その後、製法・精製プロセスの改善により含有不純物の問題は低減された。しかしながら、PF_6^- は熱的にやや不安定で、約60℃を超えると分解反応が無視できなくなる。

$$PF_6^- = PF_5 + F^-$$

この反応は水(H_2O)の存在下で加速するため、系中の水分管理は極めて重要である。電解液中の F^- は後述のように電池特性に大きな影響を与えるので、結果として電解液の温度と水分含有量は電池特性を大きく左右することになる。

2.2 有機溶媒電解液の構造・物性と電池特性

電解液中のイオン構造はその物理化学的性質を決定するばかりでなく、電池の充放電可逆性やレート特性に直接関与することがわかっている。

図3は一般的な電解質溶液中でのイオン構造のモデルを示す。電解質中の溶存イオンは、その大きさと価数により、また溶媒の物性に依存してさまざまな形態をとる。例えば水溶液中では**図4**に示すようなイオン体や会合対を形成するが、有機化合物を溶媒とする溶液でも類似のイオン種が存在すると考えられている。

双極子モーメントが大きく誘電率の高い溶媒中では、リチウム塩(LiX)はイオン解離しフリーの溶媒和リチウムイオン(Li^+_{solv})を生成しやすい。対アニオンも同様に溶媒和するが、塩濃度が高いと溶媒分子の数が不足するため、誘電率の高い溶媒中でさえイオン対を形成しやすい。アニオンのサイズが大き

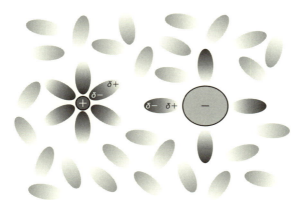

図3 溶液中のイオン構造のモデル
(小さいカチオンと大きなアニオンの組合せの場合)

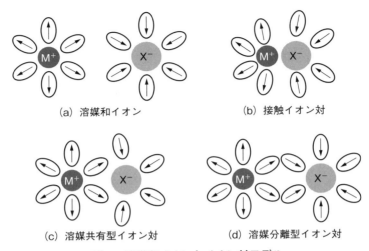

図4 溶媒和イオンとイオン対モデル

ければ溶媒和によるエネルギー安定化が必須とならないため、解離したイオン種濃度が高くなる。

　電解質溶液のイオン構造に関する情報は、イオン伝導度や溶液粘度などの物性値からその概略を把握することができる。とりわけイオン伝導度の濃度依存性や温度依存性を測定することにより、イオンの移動度や解離平衡に関する情報が得られる。

　さらに分光学的手法を用いることができれば、定量的な理解も可能である。分光学は、用いる電磁波の種類（エネルギー）により得られる情報が異なる。溶液のイオン構造を直接解析するにはX線や中性子線を用いた回折法が有効である。一方、磁場（マイクロ波）を用いるNMRでは核種の化学的環境と微視的領域での運動性が検知できることから、イオン種の構造と移動速度を間接的に求めることができる。赤外分光（IR）やラマン（Raman）分光からは溶媒およびイオンの化学結合の振動と回転に関する情報が得られ、それらを解析することによって溶液中でのイオンの平均構造を推定することができる。

　リチウム塩を溶解した混合溶媒電解液のラマン分光法による検討結果の例を

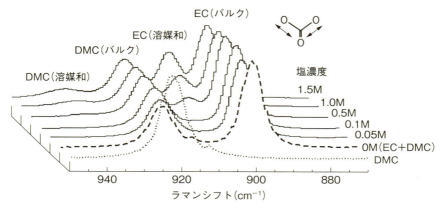

図5 LiCF$_3$SO$_3$/EC+DMC(1:1)溶液のラマンスペクトル、O-C-O 伸縮振動の塩濃度依存性

以下に示す[4]。

リチウムイオン電池で用いられているアルキルカーボネートでは、C-O 単結合の伸縮振動は約 900 cm^{-1} の波数領域にラマン活性バンドをもっている。分子の対称性が低い PC では室温ではややブロードな散乱ピークとなるが、EC や DMC のような 2 回対称軸をもつ分子は室温でも比較的シャープなピークを与える。図5 には一例として LiCF$_3$SO$_3$ を電解質とする EC+DMC 混合溶媒電解液のスペクトルを示す。EC と DMC の C-O 伸縮バンドがそれぞれ 900 cm^{-1} と 920 cm^{-1} に現れるが、リチウム塩を溶解した系では、それぞれのピークの高波数側にカチオン(Li$^+$)に溶媒和した分子によるピークが現れ、塩濃度の増加と共にその強度は高くなる。ラマン散乱の強度は系中の化学種の数(濃度)に比例するので、バルク溶媒(フリーの溶媒分子)とカチオンに配位した溶媒それぞれによる散乱強度(ピーク面積)の比からバルク溶媒と溶媒和分子の濃度比を見積もることができる。

溶液の密度と溶媒分子の分子量から、系中の溶媒分子の物質量(mol)を計算することができるので、1 つのカチオン(Li$^+$)当たり配位している溶媒分子の数(n_s)をおおよそ決定することができる。図6 は一例として、EC と

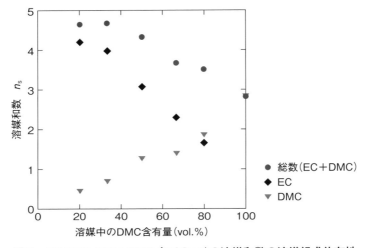

図6　1M LiPF$_6$/EC＋DMC 中での Li$^+$ の溶媒和数の溶媒組成依存性

DMC からなる混合溶媒に LiPF$_6$ を 1 mol dm^{-3} 濃度で溶解した電解液について、ラマンスペクトルの解析から得られた Li$^+$ に対する各溶媒の溶媒和数とその和を溶媒の混合組成に対して示す。溶媒中の EC の割合が高い場合は EC の n_s が大きく DMC の n_s は小さいが、DMC の割合が高くなるにつれ、それぞれの n_s は逆転する。DMC 濃度 50 vol.％（EC：DMC＝1：1）ではバルク中の溶媒分子の濃度比はおおよそ 1：1 であるが、Li$^+$ に対しては EC の方がやや多く配位することを示している。また、EC と DMC それぞれの溶媒和数の和は DMC 50％ 程度までは 4～5 でほぼ一定であるものの、DMC 濃度がそれより高くなると次第に総配位数は減少する。

これらのことから、LiPF$_6$ を溶解した EC＋DMC 混合溶媒では、EC の方がやや優先的に溶媒和し、DMC 濃度が高くなると、溶媒の誘電率が低くなるために Li$^+$ とアニオン（PF$_6^-$）との会合やイオン対形成が生じやすくなり、その結果、溶媒の配位数が減少するものと推定される。なお、EC と DMC で Li$^+$ に対する配位能が異なるのは分子の立体構造の特徴によるものと思われる。すなわち、前者はアルキル基が固定された剛直な構造であるのに対し、後者は回

電解質

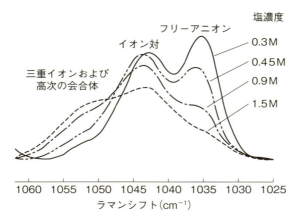

図7　LiCF$_3$SO$_3$溶液のラマンスペクトル
CF$_3$SO$_3^-$の対称伸縮振動：EC＋DMC（1：1）混合溶媒中

転可能なアルキル基をもつフレキシブルな構造であることがカチオンに対する溶媒和の違いに反映されている。

　電解液中のイオン構造はアニオン種の振動スペクトルからも推定することが可能である。図7は、LiCF$_3$SO$_3$を溶解したEC＋DMC混合溶媒電解液におけるラマンスペクトルである。1035 cm^{-1}のピーク（ラマンシフト）はフリーのCF$_3$SO$_3^-$の振動に帰属され、その高波数側に現れるピークとショルダーはLi$^+$との強い相互作用を示すもので、それぞれイオン対と高次の会合体の存在を示している。塩の濃度増加とともにイオン対と会合体の割合が増えることがわかる。

　図8はEC＋DMC（1：1）を溶媒とする系とEC＋DME（1：1）を溶媒とする系について、CF$_3$SO$_3^-$バンドの強度の比からイオン種の割合を概算し塩濃度に対してプロットしたものである。ECに対する共溶媒がDMCの場合とDMEの場合ではイオン対や会合体の生成が顕著となる塩濃度が異なり、また、それら化学種の存在割合も異なることがわかる。DMCとDMEはその粘度や誘電率に大きな差はないが、後者はエーテル酸素を有しているためにLi$^+$への配位能は高い。このことが、CF$_3$SO$_3^-$がEC＋DME中ではイオン対や会合体

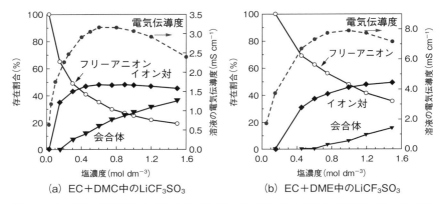

図8 LiCF$_3$SO$_3$ を溶解した EC＋DMC（1：1）(a) または EC＋DME（1：1）(b) 中でのラマンスペクトルより見積もられたフリーアニオン（○）、イオン対（◆）および会合体（▼）の存在割合と溶液の電気伝導度（●）の塩濃度依存性

を作りにくい理由である。一方で EC＋DMC のような混合アルキルカーボネートでは、塩濃度が高くなるとイオン対形成や会合体の影響が極めて大きくなることに注意しなければならない。

電解質中のイオン構造がリチウムイオン電池の電池特性に与える影響については開発当初から広く認識されていたものの、その因果関係については極めて曖昧なままであった。例えば、黒鉛負極の充放電可逆性は、溶媒主成分としてECを用いる場合とPCを用いる場合とで著しく異なるが、それは黒鉛上に形成される界面相（Solid Electrolyte Interphase：SEI）の性質に帰属されてきた。負極の充電反応、すなわち黒鉛層間へのLi種の挿入過程では溶媒和Li$^+$の脱溶媒和を伴い、また放電反応においては固相から脱離したLi$^+$が溶媒和して溶液中に拡散する。そのため、イオン（とくにLi$^+$）の溶媒和構造は黒鉛負極の充放電特性に強く関与している。良好なSEIを形成する添加剤として知られるビニレンカーボネート（VC）に関しても、当初は黒鉛表面での還元生成物の性質に注目が集まったが、最近ではVCの添加によりLi$^+$の溶媒和構造が変化し、主溶媒であるECやPCの還元分解過程に変化が生じることも指摘されている。

電解質

3 自動車用電池の要求性能と電解質

3.1 高出力・高エネルギー密度化への対応

 前述の通り、電池の基本特性のうち、エネルギー密度の理論値は電極活物質の化学で決定されるが、実電池で得られる特性は電解質など活物質以外の材料にも大きく依存する。例えば、高エネルギー密度化のためには高い比容量と高い作動電圧をもつ活物質の使用が必須であるが、それらの性能を引き出す電解質の選択も重要である。また、電池の高出力化には電池内部抵抗の低減と速い反応速度が求められるが、そのためには高いイオン伝導度をもつ電解質が必要となる。さらには自動車用電池では使用環境に応じた作動特性が求められるため、それら条件に合致する電解質組成が種々検討されている。

 高エネルギー密度化の観点から高電位正極の開発と性能改善が行われているが、これに適した電解質として、対酸化性の高い溶媒を添加した系が検討されている。

 スルホン系化合物は一般に粘度が高く、主溶媒としては機能しにくいが、従来のアルキルカーボネートと混合して、あるいは少量を添加して高電位正極への対応が図られている。図9[5)]は、耐酸化電位の高いエチルメチルスルホン（EMS）を共溶媒に用いることで、作動電位の高い$LiNi_{0.5}Mn_{1.5}O_4$（LNMO）正極に対してその高い容量が確保できることを示した例である。EMSを共溶媒とする系ではLNMOの作動電位範囲を広く利用できるため、従来電解液を使用した場合に比べて高い容量を長期サイクルにわたって維持できる。

 フッ素化エステル類も高電圧化に有効であると考えられている。エチレンカーボネートなどのアルキルエステルにおいて、そのC-H結合をC-F結合に置き換えることでHOMO準位が安定化され、その結果、酸化電位が高くなる（耐酸化性が向上する）といわれている。フッ素化エステル類は後述のように電解液の難燃化にも寄与することがわかっており、共溶媒として、あるいは少量の添加剤として利用した際の効果が報告されている。

 一方、CF_3基を導入したベンゾニトリル（$CF_3C_6H_4CN$：4-TB）を添加した

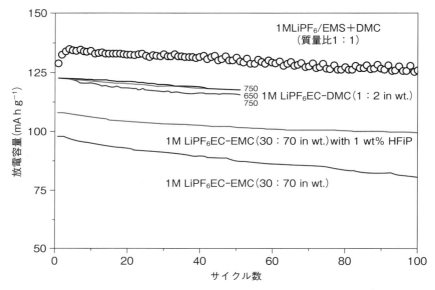

図9 エチルメチルスルホン (EMS) を共溶媒に用いた Li/LiNi$_{0.5}$Mn$_{1.5}$O$_4$ セルの放電容量のサイクル変化と従来電解液を用いたセルの特性比較[5]

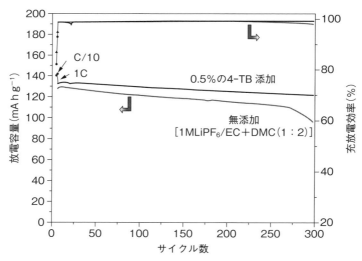

図10 Li/LiNi$_{0.5}$Mn$_{1.5}$O$_4$ セルの放電容量のサイクル変化に及ぼす 4-(トリフロロメチル) ベンゾニトリル (4-TB) の添加効果[6]

系でもLNMOの充放電サイクル特性の改善に効果があることが報告されている。図10[6)]にはその添加効果の例を示すが、この場合は、添加した4-TBが電解液の安定電位窓の拡大に直接寄与するわけではなく、正極上でベース電解液成分（ECやDMC）よりも容易に酸化分解され、LNMO上で保護性皮膜を形成することによりサイクル特性が改善されると説明されている。

高電圧化・高容量化に対応するための電解質塩の工夫についても多くの報告がある。LiBOBは従来電解質LiPF$_6$よりも熱的に安定であるため自動車用大形電池への適用が検討されたが、単独では十分な性能が得られない。むしろ従来電解質と混合して使うことによってその効果が現れるという報告があるが、

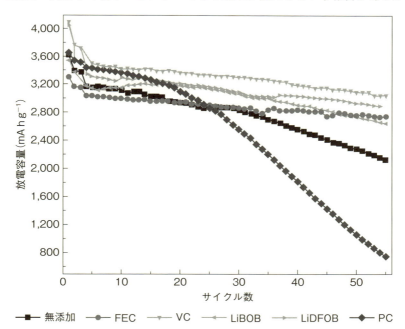

図11　1 M LiPF$_6$/EC＋DMC＋DEC（1：1：1、体積比）中でのSi負極の充放電特性に及ぼす添加剤の効果[7)]
FEC：フロロエチレンカーボネート（3 wt.%）
VC：ビニレンカーボネート（5 wt.%）
LiBOB：ビス（オキザラト）ボラートリチウム（5 wt.%）
LiDFOB：ジフロロオキザラトボラートリチウム（1 wt.%）

それは負極黒鉛のサイクル特性改善のためと説明されている。また、高容量化を指向した Si/LiFePO$_4$ 系電池での電解質混合によるサイクル特性改善効果が報告されている。**図 11**[7]は Si 負極の放電特性に及ぼす LiBOB の添加効果を他の添加剤と比較して示したもので、Si 上に形成される SEI 層の構造と性質がこれらの違いの要因であると説明されている。

　LiFSA 塩もまた負極表面で充放電（Li$^+$ の挿入脱離）に適した SEI 層を形成することが知られている。LiPF$_6$ や LiBF$_4$ への添加・混合系が提案されている。

　高出力化との関連で新しい設計概念の電解質も報告されている。イオン液体を主成分とする電解質については次項で詳細に記述するが、従来の塩／溶媒の組合せでもその濃度（物質量）比を工夫することで擬似的なイオン液体が形成される。その代表例がリチウム塩を高濃度で溶解したポリエーテル（Glyme：グライム）である[8]。ポリエーテル中では Li$^+$ は 4 個のエーテル酸素を介して錯体を形成するので、Li$^+$ とエチレンオキシドユニット（-CH$_2$CH$_2$O-）が 1：4 のモル比の LiX-Glyme 系では溶媒の過不足がない溶媒和カチオン［Li(sol)$^+$］とアニオン（X$^-$）のみから構成される「イオン性液体状態」となる（**図 12**）。その際、ポリエーテルはカチオンへの配位によって安定化されるために通常のバルク状態のポリエーテルに比べて広い電位窓を示すことが多く、また、酸化還元によって生じたイオン種の溶解度も低いので、反応生成物が通常の有機溶

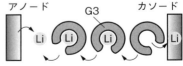

(a) ［Li(G3)$_1$］［TFSA］の安定構造　　(b) リチウムイオン電池電解液としてのイオン輸送の概念

図 12　リチウム－グライム錯体から構成される「イオン性液体」の構造[8]

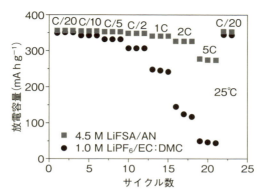

図13 LiFSAを高濃度で溶解したアセトニトリル(AN)中での黒鉛電極のレート特性[9]

媒には高い溶解度を示すような活物質（例えばイオウ化合物）に対しても有効である。すなわち、従来の有機溶媒電解液では利用できなかった活物質が使える可能性があるため、その利用価値は高い。

一方、電気化学反応性が比較的高い溶媒で、従来は利用できないと考えられたANでも塩濃度が高い場合は、上記の錯体系の擬似イオン液体と類似したイオン構造となり、溶媒の反応性を制御することが可能である。溶媒と陰イオンの組合せは限定されるものの、新しい電解質設計の一つとなり注目されている。

図13[9]は、LiFSAを高濃度で溶解したANを電解質として用いた電池のレート特性を測定した結果である。電解質の粘度は高いものの、イオン濃度が高く、また活物質上でLi^+の移動に好適なSEI形成がされるため、優れたレート特性が実現できている。

3.2 安全性と信頼性への対応

自動車用リチウムイオン電池はその設計上、高いエネルギー密度（Wh kg^{-1}、Wh L^{-1}）を有し、かつ総容量も大きい大形電池とならざるを得ないので、その信頼性とともに安全性を確保することが極めて重要である。電池の信頼性・

表5 難燃性・不燃性溶媒の代表例（共溶媒または添加剤として）

種類	化合物例	特長	課題
フッ素化エーテル類	Ethyl-nonafluorobutyl ether Tetrafluoroethyl-tetrafluoropropyl ether	難燃効果高い，電極活物質への影響少ない	汎用エステル系溶媒との相溶性，塩の溶解度低下
フッ素化エステル類	Methyl difluoroacetate Ethyl difluoroacetate	汎用エステル系溶媒との相溶性良好，熱安定性の改善	活物質との適合性（不可逆容量の増加）
アルキルリン酸エステル類	Trimethylphosphate Triethylphosphate Alkylhosphites, Alkylphosphonates	汎用エステル系溶媒との相溶性良好，熱安定性の改善	活物質との適合性（不可逆容量の増加）
ホスファゼン類	Hexamethoxycyclotriphosphaxene Fluorinated-cyclotriphosphazene	汎用エステル系溶媒との相溶性良好，難燃効果高い	難燃性と電極適合性の両立が困難
フッ素化リン酸エステル類	Tris(trifluoroethyl)phosphate Bis(trifluoroethyl)-methylphosphate	汎用エステル系溶媒との相溶性良好，難燃効果高い	電解液のイオン伝導度低下傾向

　安全性はシステムとして保障されるべきものであるが、そのためには各構成要素の段階においてこの観点からの材料設計がなされるべきであろう。リチウムイオン電池の電解質に関しては、難燃・不燃性の材料、分解時に発熱量の小さい材料、電池が内部短絡した際に電流遮断機能を有する材料などがその候補と考えられている。

　安全性と信頼性に優れたリチウムイオン電池の電解質としてLi$^+$伝導性の無機セラミックスやガラスなどが検討されているが、自動車用途に対しては高出力密度化の点で課題が多く、材料設計にさらなる工夫が求められている段階である。現状技術で適用が最も近い系としては、難燃または不燃性の成分を添加した有機電解液やポリマーゲル電解質がある。リチウムイオン電池電解液に利用可能な添加成分のうち主なものを**表5**に示す。

　フッ素化エーテルおよびフッ素化エステル類は難燃性の付与効果は比較的高いが、従来電解液との相溶性が低いものが多く、そのため共溶媒としてよりも少量の添加成分として検討されている。アルキルリン酸エステル類はアルキル

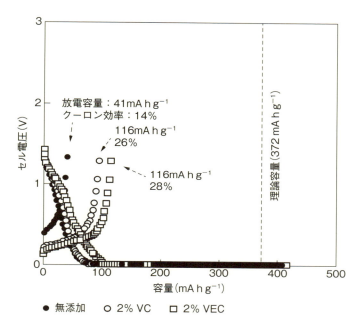

図14　1 M LiBETA を溶解した TMP 溶液中での黒鉛（STG）負極の初回充放電挙動に及ぼす添加剤の効果[10]

カーボネートと相溶性が高く、また難燃効果も高いために、溶媒主成分として検討されてきた。しかしながら、リン酸トリメチル（TMP）のように、電解液中に多量に含まれると黒鉛系負極では良好な SEI を形成しなくなるために充放電特性が極度に低下する場合もある。難燃・不燃性はリン元素の相対含有量によって決まるために、良好な電池特性と難燃・不燃性とを両立させるのはやや困難である。図14[10]にリン酸エステル含有電解液での黒鉛負極の充放電挙動を例示する。VC などの SEI 形成剤を添加することで黒鉛の充放電が可能になるものの、不可逆容量や充放電レート特性の点で従来電解液並の特性確保が課題である。

　リン酸エステルと類似の構造をもつ亜リン酸エステルやホスホン酸エステル類も難燃・不燃性添加成分として検討されている。分子内に N＝P 結合を有す

るフォスファゼン類は高分子材料の難燃化剤としてすでに利用されているが、リチウムイオン電池の電解質添加剤としても検討されている。置換基導入による分子修飾や高分子化も比較的容易なため、いろいろな利用方法が可能である。

アルキルリン酸エステルを部分フッ素化した化合物には、電解質塩の溶解性が高く、また引火点が高い（あるいは引火点をもたない）ものが多い。溶媒分子間の相互作用も強くなるために溶液粘性（動粘度）は高くなるが、他の低粘性溶媒との混合も可能なため添加剤としての使い方や共溶媒としての利用も可能である。また次節で記述するイオン液体と混合することにより、不燃性を保持したまま電解質特性を改善するような試みも報告されている。

有機溶媒電解液を極性ポリマーでゲル化した「ゲル電解質」も安全性と信頼性に優れた電解質として広く取り上げられてきた。ゲル化プロセスの違いによって物理ゲルと化学ゲルに分類されるが、前者はポリマー分子間の相互作用によって形成される物理架橋によって液体成分を保持するもので、後者は化学架橋したネットワークポリマーがその役割を果たす。

大形リチウムイオン電池では出力特性確保のために高いイオン伝導度が要求されるため、ゲル中でのイオンの移動速度は溶液中と同程度のものが求められる。また広い温度範囲にわたって物理的な形状保持と安定なイオン輸送特性が要求される。物理架橋ゲルではイオンの移動速度を確保するためには電解液含有量を高くする必要があるが、それと共に機械的強度は低下する現象は避けられない。それに対して、化学架橋構造をもつポリマーの中には有機溶媒電解液を高い含有量で保持しても優れた機械的特性をもつものがある。液体成分として難燃・不燃性の化合物を共存させることで難燃・不燃性のゲル電解質が構成できる[11]。

4 イオン液体電解質の開発

4.1 イオン液体とは

イオン液体は室温付近で液体状態を示す塩の総称であり、文字通りイオン（カチオンとアニオン）のみからなる液体である。Wilkesらにより、1-エチル-3-メチルイミダゾリウムテトラフルオロボレイト（[C_2mIm^+][BF_4^-]）が常温で液体状態を示し、かつ空気や水分に対して安定であることが1992年に報告されて以降、イオン液体を電気化学デバイス用電解質として用いる研究が本格的に開始された。

蒸気圧がほぼ無視できるため難燃性であり、熱的・化学的安定性に優れ、イオン伝導性が高いなど、従来溶媒では見られないイオン液体に特有の性質をもち、これらはカチオンとアニオンの骨格構造や組合せを変えることで容易に制御が可能である。このことを利用し、性能面・安全面に優れた電解質設計のための基礎・応用研究が活発に推し進められている。

イオン液体を実用リチウムイオン電池の電解質として利用しようとする際には、そのイオン伝導性や粘度は重要なポイントとなる。また、このような巨視的な流体力学的性質は分子レベルでのダイナミクスに基づいており、これを理解・制御するためには溶媒（イオン）間やリチウムイオン（Li^+）-溶媒間の相互作用に関する知見が不可欠となる。

4.2 イオン液体の解離度

イオン液体はイオンのみから構成されるにもかかわらず分子性溶媒による溶媒和なしでイオン解離しており、高いイオン伝導性を示す。しかしながら、イオン液体の多くは有機物からなるため多様な立体配座を有し、かつイオン濃度が極めて高いことから、そのイオン間相互作用は複雑なものとなる。また、イオン液体中のイオン間相互作用はクーロン相互作用が支配的であるが、水素結合やπ-π相互作用に加え、イオン液体系で特有な自己凝集性など多様な相互作用がイオン間に働く。したがって、イオン液体中のすべての構成イオンが解離

イオンとして存在することは稀であり、イオン液体のどの程度が実際の「イオン」として働くのかを明らかにすることは実用電池の電解質として使用する上で基盤情報となる。

イオン液体の自己解離度、すなわちイオン性の評価法としてもっとも一般的かつ簡便な手法はWaldenプロットによる評価である[12]。これは電解質溶液のモルイオン伝導度（Λ_{imp}）と粘度（η）の間にWalden則（$\Lambda_{imp} \cdot \eta = $ constant）が成立することに基づいている。すなわち、イオン液体のイオン伝導度測定から得られる$\log \Lambda_{imp}$に対して$\log \eta$をプロットし（Waldenプロット）、これを1.0 M（mol dm^{-3}）KCl溶液のそれと比較することによりイオン性が定性的に評価される。KCl溶液はほぼ完全解離した電解質溶液と見なせるので、イオン液体のWaldenプロットがKCl溶液のそれに近ければ「イオン性が高い」、大きく外れると「イオン性が低い」と大雑把に分類することができる。

イオン液体のイオン伝導度測定と自己拡散係数測定から得られるモルイオン伝導度の比（$\Lambda_{imp}/\Lambda_{NMR}$）をイオン解離性（イオン性）の直接的な指標とする考え方が提案されている[13]。ここでΛ_{NMR}は磁場勾配NMR測定により決定したカチオンおよびアニオンそれぞれの自己拡散係数から算出されるモルイオン伝導度である。さまざまなイオン液体に対して$\Lambda_{imp}/\Lambda_{NMR}$値が報告されており、その典型例を**表6**に示す[13]。カチオンおよびアニオン種依存性が系統的に調べられており、全体としてはこれらの$\Lambda_{imp}/\Lambda_{NMR}$値は0.5〜0.7の間に収まる。一般的な傾向としてイオン液体は5〜7割程度が解離イオンとして存在し、残りの3〜5割程度がイオン対やその他の凝集体として溶存していると解釈することができる。

この$\Lambda_{imp}/\Lambda_{NMR}$値はカチオンのルイス酸性ならびにアニオンのルイス塩基性と高い相関があることも実験的に示されている。すなわち、①カチオンのルイス酸性が弱いほど対アニオンとの相互作用が弱く、②アニオンのルイス塩基性が弱いほど対カチオンとの相互作用が弱くなるため、イオン解離度は高くなる傾向にある。

これらの実験結果に基づく解釈は理論計算による結果とよく一致しており、

表6 30℃における典型的なイオン液体の密度 d (g cm^3)、粘度 η (mPa s)、$\Lambda_{imp}/\Lambda_{NMR}$ 値[13]

イオン液体		d(g cm^3)	η(mPa s)	$\Lambda_{imp}/\Lambda_{NMR}$
[C$_2$mIm$^+$]	[TFSA$^-$]	1.51[a]	27[a]	0.75[c]
[C$_4$mIm$^+$]	[TFSA$^-$]	1.43[a]	40[a]	0.61[c]
[C$_6$mIm$^+$]	[TFSA$^-$]	1.37[a]	56[a]	0.57[c]
[C$_8$mIm$^+$]	[TFSA$^-$]	1.31[a]	71[a]	0.54[c]
[C$_4$mIm$^+$]	[BF$_4$$^-$]	1.20[a]	75[a]	0.64[c]
[C$_4$mIm$^+$]	[PF$_6$$^-$]	1.37[a]	182[a]	0.68[c]
[C$_4$mIm$^+$]	[TfO$^-$]	1.29[a]	64[a]	0.57[c]
[P$_{14}$$^+$]	[TFSA$^-$]	1.39[a]	60[a]	0.70[c]
[N$_{1114}$$^+$]	[TFSA$^-$]	1.39[a]	77[a]	0.65[c]
[N$_{2225}$$^+$]	[TFSA$^-$]	1.31[b]	127[b]	0.75[b]
[P$_{2225}$$^+$]	[TFSA$^-$]	1.30[b]	68[b]	0.70[b]

a) Tokuda et al.; *J. Phys. Chem. B* 2006, 110, 19593-19600.
b) Seki et al.; *Phys. Chem. Chem. Phys.* 2009, 11, 3509-3514.
c) Ueno et al. *Phys. Chem. Chem. Phys.* 2010, 12, 1649-1658.
[C$_n$mIm$^+$]：1-alkyl-3-methylimidazolium（n: alkyl-chain length），
[P$_{14}$$^+$]：$N$-butyl-$N$-methylpyrrolidinium,
[N$_{1114}$$^+$]：trimethyl-butylammonium,
[N$_{2224}$$^+$]：tri-$n$-ethyl-pentylammonium,
[P$_{2224}$$^+$]：tri-$n$-ethyl-pentylphosphonium,
[TfO$^-$]：trifluoromethanesulfonate,
[TFSA$^-$]：bis（trifluoromethanesulfonyl）amide

例えば *ab initio* 計算により見積もられたイオン間相互作用エネルギーが小さい系ほど上記のイオン解離度は高くなる傾向にあることが報告されている[14]。$\Lambda_{imp}/\Lambda_{NMR}$ によるイオン性評価はイオン液体の実質的な有効イオン濃度を定量的に把握できる手法であり、イオン液体を電池電解質として適用する際の選択、設計において基盤的な指針を与えるものと考えられる。

4.3 イオン液体の低粘性化

リチウムイオン電池の電解液としてイオン液体を適用する際、Li$^+$ の輸送特

性の観点からは電解質の解離度が高いことに加え低粘性であることが求められる。分子設計の自由度が高いというイオン液体の特徴を活かしてさまざまな骨格のカチオン種とアニオン種が開発されている。

化学分野で最も一般的に用いられるイミダゾリウム型イオン液体は比較的低粘性であることが知られているが、これは主にイミダゾリウム環における電荷の非局在化や平面性に由来するものであり、イオン伝導度やLi^+の輸送特性の点で優れている。その反面、電気化学的分解が起こりやすく電位窓が狭いため、電池設計の自由度は低い。例えば負極に金属リチウムを用いた場合、リチウムの還元電位までの安定性に欠けるため実用は難しい。そこで、電気化学的安定性に優れ十分な電位窓を確保することができる四級アンモニウム型イオン液体を軸として電解質としての最適化が進んでおり、基礎物性や電池特性の解明、低粘性化に関する研究が多数報告されている。一般的なイオン液体の粘度や密度などの物性値の多くは、NIST が運営する Web ページ（Ionic Liquid Database - IL Thermo -）にて簡便に検索することができる。

イオン液体に用いられる四級アンモニウムイオンは一般的に分子量が大きく、イオン間のクーロン相互作用に加えて強いファンデルワールス力が働くことから、その粘度は高くなる傾向にある。これらの中で、側鎖にメトキシ基を導入した N,N-ジエチル-N-エチル-(2-メトキシエチル) アンモニウム（$N_{221(201)}{}^+$：$DEME^+$）をカチオンとするイオン液体は、炭化水素のみからなるアンモニウムイオンよりも低い粘性を示し、電気化学デバイス用電解質としてよく応用されている。

最近、四級アンモニウムイオンの類似体として四級ホスホニウムイオンが着目され、このイオン液体が前者に匹敵する電位窓をもち、非常に低粘性であることが報告された[15]。また、このカチオンの側鎖にメトキシ基を導入することでさらなる低粘性化に成功しており、これを電解質とする電池（正極：$LiCoO_2$，負極：金属 Li）が良好な電池特性を示すことが確認されている[16]。

イオン液体の粘性はアニオン種にも強く依存し、その影響はカチオン種の影響よりも大きく現れる。さまざまなアニオンが開発され、粘性をはじめとする

溶媒物性が報告されているが、現在のイオン液体研究における主流は、さまざまなカチオンとの組合せで低粘性のイオン液体を与え、熱的・化学的安定性を兼ね備える TFSA⁻ イオンで構成されるイオン液体である。しかしながら、リチウム塩を添加することで著しい粘性の増加が見られ[17]、リチウムイオンの輸送特性の面では難がある。

これに対し、TFSA⁻ と類似した構造をもつビス（フロロスルホニル）アミド、FSA⁻ は、TFSA⁻ の CF_3 基を F に置き換えただけにも関わらず、その粘度は半分程度、イオン伝導度は約2倍にもなる[18]。特筆すべきはリチウム塩を加えた際の粘度上昇が極めて小さいことにある。イミダゾリウム系イオン液体におけるデータを**図15**に示す。ここでは、純イオン液体とリチウム塩含有溶液で得られた粘度の比（相対粘度：relative viscosity）の温度依存性を示しており、[C_2mIm^+][$TFSA^-$]系に比べて[C_2mIm^+][FSA^-]では粘度の上昇度が1.2

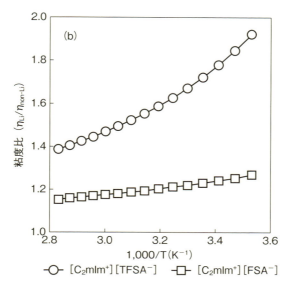

図15 [C_2mIm^+][$TFSA^-$]および[C_2mIm^+][FSA^-]系における、純イオン液体と Li 塩含有溶液（0.32 M）の粘度比、η_{Li}/η_{non-Li} に対する温度依存性[17]

倍程度に抑えられていること、また、その温度依存性が極めて小さいことがわかる。この相違はイオン液体中でのLi$^+$の溶存状態（溶媒和構造）の違いに由来すると考えられ、現在、分子レベルでの構造解析が進められている。FSA型イオン液体を電解液とするリチウム電池系については系統的な調査結果がなされており、従来有機溶媒系に匹敵する電池性能と難燃性などのイオン液体特性を併せもつ優れた性能を有することが報告されている[18]。

4.4 イオン液体中のリチウムイオンの溶媒和

電解液中のイオンの溶存状態は、電解液中のイオンの伝導性（拡散・泳動）や電極／電解液界面での酸化還元反応に伴う溶媒和・脱溶媒和過程を理解する上で必須の情報である。従来の分子性溶媒（水や非水溶媒）中のLi$^+$の溶媒和に関しては、リチウムイオン電池開発との関連で熱力学的・構造化学的な研究が十分に蓄積されているものの、イオン液体系に関しては報告例はまだ限られているのが現状である。

イオン液体中の金属イオンの溶媒和を考える際、金属イオンはこれと異符号のアニオンに取り囲まれ一種の「溶媒和錯体」を形成することになる。Li$^+$の場合、[Li(X)$_n$]$^{1-n}$（X$^-$：構成アニオン、n：溶媒和数）のような錯体が形成され、この錯体のもつ電荷は溶媒和数nに依存する。Li$^+$に対して複数個のアニオンが溶媒和すること（$n>1$）を考えると、イオン液体中のLi$^+$は1価以上のアニオン種として溶存することになり、その電荷数は溶媒和する構成アニオンの性質や配位能に支配される。

イオン液体を構成するアニオンは、BF$_4^-$、PF$_6^-$やTFSA$^-$など超強酸・非配位性のアニオンを用いるのが一般的であり、これらのイオンは分子性液体中では金属イオンに溶媒和することはない。したがって、イオン液体中で形成する溶媒和錯体の金属イオン–溶媒（アニオン）間相互作用の程度や配位数、反応性は従来の非水溶媒系とは全く異なってくる。

TFSA$^-$をアニオンとする種々のイオン液体中におけるLi$^+$の溶媒和構造はラマン分光および分子軌道計算により調べられている[19]。リチウム塩濃度が低

電解質

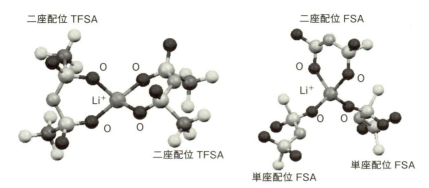

図16 分子軌道計算により得られた［Li(TFSA)$_2$］$^-$および［Li(FSA)$_3$］$^{2-}$溶媒和錯体の最適化構造

い領域において（モル分率，x_{Li}＜0.2），① Li$^+$は2つのTFSA$^-$により溶媒和され［Li(TFSA)$_2$］$^-$錯体として溶存すること，② TFSA$^-$は2つの酸素原子を用いた二座配位子として働き，酸素原子による4座配位のLi$^+$構造である（図16の左）ことが明らかにされた。一方，高濃度領域になると，［Li(TFSA)$_2$］$^-$のような単核錯体化学種よりも2つのLi$^+$間をTFSA$^-$が橋架けした多核錯体が支配的になる[20]。TFSA系イオン液体ではリチウム塩の濃度増加に伴い急激な粘度上昇が起こると前述したが，これは単核錯体から多核錯体への構造変化に由来するものと考えられる。

TFSA類似体であるFSA$^-$からなるイオン液体についてもLi$^+$の溶媒和構造が最近報告された[21]。分子構造はほぼ同じであるにも関わらずLi$^+$に対するFSA$^-$の溶媒和数は$n=3$であり，酸素原子による二座配位FSAが1つ，および単座配位FSAが2つ混在した［Li(FSA)$_3$］$^{2-}$として溶存する（図16の右）。FSA$^-$からなるイオン液体は，同種のカチオンからなるTFSA系イオン液体に比べリチウム塩の濃度増加に伴う粘度の増加が極めて小さいが，これはLi$^+$の溶媒和構造が根本的に異なることが一因であろう。

さらに，［Li(FSA)$_3$］$^{2-}$溶媒和錯体は温度上昇と共に配位数が減少し，単座配位で溶媒和したFSA$^-$が選択的かつ容易に脱溶媒和することも報告されている。FSA系イオン液体中での溶媒和錯体中に結合が弱い単座配位FSAを含む

ことは、電極／電解液界面でのイオン移動、とくに脱溶媒和過程で有利に働くものと考えられる。実際にFSA系イオン液体はTFSA系イオン液体に比べ粘度は約半分、伝導度は約2倍程度であるが、電池の充放電速度はこの向上度合から期待される性能を大きく上回り、1桁以上高い電流密度での操作を可能とするものである。今後、電池性能とリチウムイオン溶媒和構造の分子レベルでの相関関係が解明されていくことが期待される。

☆　　　☆

　電池電解質は電極材料との組合せによりその性能を発揮することができる。電池の基本仕様（理論エネルギー密度、出力密度、サイクル性）の大部分は電極（活物質）の化学に依存するので、電解質はそれら電極材料との適合性の観点から選択されるべきである。すなわち、自動車用電池としての材料設計においては、負極／電解質／正極の組合せが一つのセットとなるが、電解質の基本物性を正しく把握することは、そのような設計を進める上で極めて重要であることに変わりない。この分野の科学と技術の進展が待たれるところである。

参 考 文 献

1) 松田好晴、竹原善一郎編集代表：電池便覧（第3版）、第3章、第4章、丸善（2001）.
2) G. E. Blomgren: *Lithium Batteries*（J. P. Gabano, ed.）, Ch. 2, p. 13, Academic Press（1983）.
　　松田好晴：日本化学会誌、1989, 1（1989）.
3) 野口健宏：月刊ファインケミカル、43、17（2014）.
4) 森田昌行、石川正司：電池技術、12、56（2000）.
5) L. Xue, K. Ueno, S.-Y. Lee, C. A. Angell : *J. Power Sources*, 262, 123（2014）.
6) W. Huang, L. Xing, Y. Wang, M. Xu, W. Li, F. Xie, S. Xia : *J. Power Sources*, 267, 560（2014）.
7) S. Dalavi, P. Gudulu, B. L. Luchit, *J. Electrochem. Soc.*, 159, A642（2012）.
8) K. Yoshida, M. nakamura, Y. kazue, N. Tachikawa, S. Tsuzuki, S. Seki, K. Dokko, M. Watanabe : *J. Am. Chem. Soc.*, 133, 13121（2011）
　　渡邉正義：電池技術、26、38（2014）.
9) Y. Yamada, K. Furukawa, K. Sodeyama, K. Kikuchi, M. Yaegashi, Y. Tateyama,

A. Yamada : *J. Am. Chem. Soc.*, 136, 5039 (2014).
10) X. Wang, C. Yamada, H. Naito, G. Segami, K. Kibe : *J. Electrochem. Soc.*, 153, A135 (2006).
11) N. Yoshimoto, Y. Niida, M. Egashira, M. Morita : *J. Power Sources*, 163, 238 (2006).

N. Yoshimoto, D. Goto, M. Egashira, M. Morita : *J. Power Sources*, 185, 1425 (2008).

B. S. Lalia, T. Fujita, N. Yoshimoto, M. Egashira, M. Morita : *J. Power Sources*, 186, 211 (2009).
12) W. Xu, E. I. Cooper, C. A. Angell : *J. Phys. Chem. B*, 107, 6170 (2003).
13) K. Ueno, H. Tokuda, M. Watanabe : *Phys. Chem. Chem. Phys.*, 12, 1649 (2010).
14) S. Tsuzuki, H. Tokuda, K. Hayamizu, M. Watanabe : *J. Phys. Chem. B*, 109, 16474 (2005).
15) K. Tsunashima, M. Sugiya : *Electrochem. Commun.*, 9, 2353 (2007).
16) K. Tsunashima, F. Yonekawa, M. Sugiya : *Chem. Lett.*, 37, 314 (2008).
17) S. Tsuzuki, K. Hayamizu, S. Seki : *J. Phys. Chem. B*, 114, 16329 (2010).
18) H. Matsumoto, H. Sakaebe, K. Tatsumi, M. Kikuta, E. Ishiko, M. Kono : *J. Power Sources*, 160, 1308 (2006).
19) Y. Umebayashi, T. Mitsugi, S. Fukuda, T. Fujimori, K. Fujii, R. Kanzaki, M. Takeuchi, S. Ishiguro : *J. Phys. Chem. B*, 111, 13028 (2007).
20) J.-C. Lassègues, J. Grondin, D. Talaga : *Phys. Chem. Chem. Phys.*, 8, 5629 (2006).
21) K. Fujii, H. Hamano, H. Doi, X. Song, S. Tsuzuki, K. Hayamizu, S. Seki, Y. Kameda, K. Dokko, M. Watanabe, Y. Umebayashi : *J. Phys. Chem. C*, 117, 19314 (2013).

第Ⅱ部　部材編

セパレータ

1　セパレータの役割

　セパレータは、正極や負極と同様に電池の特性を決定する重要な部材である。電池の種類や用途に応じて様々なセパレータが用いられているが、その役割は主として、電池の内部短絡を防ぐことと、電解液を保持して正極－負極間のイオン伝導を確保することである。

　大型の電池で内部短絡が起こると、放出されるエネルギー量が大きく、発火や爆発といった事故につながる可能性が高く大変危険である。それ故、セパレータが担う役割は民生用の小型電池に比べて格段に重要となる。また、自動車用途では、電池は振動のある環境で用いられるため、電極からの活物質粒子の欠落など短絡の原因となる要素も多い。このような問題に対処し、十分な安全性を確立するためには、セパレータは絶縁性に優れるだけでなく、高い機械的強度と化学的安定性も持ち合わせていなければならない。

　もう一つの役割であるイオン伝導の確保は、電池のサイクル寿命や入出力特性に関係する。正極と負極の間でイオンが高速かつ均一に移動できる環境を実現することが求められる。電解液に対する濡れ性や電解液を保持するための十分な空隙が必要となる。

　これらの要求特性を満たし、電池を安全かつ正常に機能させるためには、用途に合わせて適正に設計されたセパレータを用いなければならない。ここではセパレータの研究開発を詳細に解説するとともに、今後のリチウム二次電池で必要とされるセパレータについて述べる。

2 セパレータに求められる各種特性

　リチウムイオン電池では、有機溶媒にリチウム塩を溶解した電解液が用いられる。そのため、セパレータに求められる特性は、水系電解液を使用する鉛蓄電池やニッケル水素電池とは大きく異なる。

　リチウムイオン電池のセパレータに求められる代表的な特性を**表1**に示す。各要求特性はU.S. Advanced Battery Consortium（USABC）が掲げている指標である[1]。

2.1 厚み

　例えば、セパレータの厚みは25 μm 未満であることが求められている。水系電解液を使用する二次電池では、電解液自体が電極反応に関与するため、ある程度の量の電解液が電池に含まれていなければならない。したがって、セパレータをあまり薄くできない。

　一方、リチウムイオン電池では、電解液はあくまでイオン伝導パスとして機能するため、必要最少量があれば良く、正極と負極の物理的な接触が起こらない範囲でセパレータを薄くできる。セパレータが薄ければ、それだけ電池の体

表1　リチウム二次電池のセパレータに求められる代表的な特性

項目	目標値
価格	≤1.00 ドルm^{-2}
厚み	≤25 μm
イオン透過性（マクミラン数）	≤11
濡れ性	汎用電解液に完全に濡れること
化学的安定性	電池内で10年安定なこと
孔径	<1 μm
穿刺強度	>300 g（膜厚が25.4 μm の場合）
熱的寸法安定性	<5 %（90 ℃で60分間保持した場合）
水分量	<50 ppm
引張強度	1,000 psi の応力に対して変形が2 %未満
曲がり	<2 mm m^{-1}
シャットダウン温度	100±10 ℃
溶融温度	≥200 ℃

積エネルギー密度は高くなる。リチウムイオン電池で優れた体積エネルギー密度が実現される一つの理由である。

また、リチウムイオン電池におけるセパレータの厚みは、エネルギー密度以上に出力密度に関係する。有機電解液のイオン伝導性は、室温で 10^{-2}〜10^{-3} S cm^{-1} のオーダーにあり、水系電解液に比べて2桁低い。そのため、実用的な入出力特性を実現するためには、セパレータを薄くし、正極−負極間のイオン伝導の抵抗を低減しなければならない。安全性が重視される車載用の電池においては厚めのセパレータが使用されているが、民生用のリチウムイオン電池ではすでに15 μm 程度の薄いセパレータが用いられている。

2.2 孔径

現在、リチウムイオン電池で用いられているセパレータは、サブマイクロメートルの大きさの微細孔を有する樹脂フィルムである（**表2**）。水系電解液を使用する従来の二次電池では、主に不織布がセパレータとして用いられているが、大きな孔が存在するため、特殊な用途を除いてこれがリチウムイオン電池に適用されることはない。

リチウムイオン電池では、充電時に不均一な電流分布が生じると、負極上にデンドライト状のリチウム金属が析出する（**図1**）。デンドライトの大きさは数μm であり、大きな孔が存在すると、そこを通じてデンドライトが正極に到達し、電池が短絡する。このような短絡を防ぐため、リチウムイオン電池のセパレータは、サブマイクロメートル以下の微細孔で構成されている。

また、これらの微細孔は単純な貫通孔ではなく屈曲した構造を取り、内部短絡の危険性が低くなるよう設計されている。孔の大きさと配置の分布は、充放電時の電流分布に関係するため、いずれも均一であることが望ましい。特に大電流で充放電を行う電池では、電流分布が生じやすいため、セパレータ構造の均一性が重視される。これらの孔がセパレータ全体に占める体積割合（空隙率）は一般に40％程度である。イオン伝導性の観点からは、多くの電解液を保持できる空隙率の高い構造が好ましいが、後述するシャットダウン機能が効

表2 主要なセパレータメーカーと各社の製品

メーカー	代表的な製品	セパレーターの基材と設計
旭化成イーマテリアルズ	ハイポア	ポリオレフィン
Celgard	Celgard	ポリプロピレン（PP） ポリエチレン（PE） PP/PE/PP 積層
東レバッテリーセパレータフィルム	セティーラ	PE PP–PE 混合
宇部興産	ユーポア	PP PE PP/PE/PP 積層

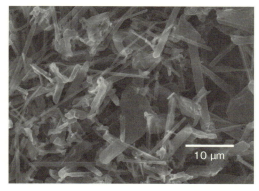

図1 デンドライト状に析出したリチウム金属の電子顕微鏡写真

果的に働くようこのような値に設計されている。

セパレータの複雑な多孔構造を簡便に評価する方法に透気度測定がある。透気度はガーレー（Gurley）数と呼ばれ、一定の圧力下で規定量の空気がセパレータの単位面積を透過する時間を指す。セパレータの空隙率と厚みが一定の場合、ガーレー数は孔の迷路係数（セパレータの厚みを1としたときのイオンの実効行路長）を反映した値となる。**表3**にJIS-P8117規格（サンプル面積 $6.45\ cm^2$ を空気 $100\ cm^3$ が通過する時間）で測定された各リチウム二次電池用

表3 各リチウム二次電池用セパレータのガーレー数

セパレータの種類	仕　様	ガーレー数（秒）
Celgard 2325	PP/PE/PP 厚み 25 μm 空隙率 39 %	620
Celgard 2400	PP 厚み 25 μm 空隙率 41 %	620
Celgard 2500	PP 厚み 25 μm 空隙率 55 %	200
Tonen 25MMS	PE 厚み 25 μm 空隙率 36 %	650

セパレータのガーレー数を示す[2],[3]。セパレータの種類によって異なるが、概ね 200～1,000 秒の範囲である。ガーレー数の小さなセパレータは物質透過性に優れるため、電解液を含んだ際のイオン伝導抵抗も通常は小さな値をとる。しかし、電解液の種類によっては、セパレータに対する濡れ性が悪く、ガーレー数から推測される値より実際の抵抗値が大きくなる場合がある。

2.3 濡れ性

リチウム二次電池で用いられるセパレータは、一般にポリエチレンやポリプロピレンなどのポリオレフィン系材料から構成されている。これらの材料は非極性であり、電解液の溶媒に用いられるエチレンカーボネート（EC）やプロピレンカーボネート（PC）、あるいはγ-ブチロラクトンなどの環状カーボネートに対する親和性が低い。したがって、これら溶媒を多く含む電解液を用いる際は注意が必要である。ある程度の濡れ性を確保することは、電池製造の注液工程を円滑に進める上で不可欠なだけでなく、セパレータに電解液を保持させ、電池の充放電を安定に行う上でも重要である。濡れ性を高めるために界面活性剤でセパレータを修飾する方法があるが、そのような助剤を用いる場合

は、電池特性への影響がないことを確認しなければならない。また、界面活性剤は徐々に電解液へ溶解するため、濡れ性とともに改善されるセパレータの保液性は必ずしも長期に担保されるものではない。

セパレータ基材の恒久的な改質方法にはグラフト重合があり、例えば、セパレータ表面にアクリル酸を導入する方法がよく知られている[4),5)]。

2.4 イオン透過性

電解液が注入されたセパレータはイオン伝導膜として機能するが、セパレータを介したイオン伝導の抵抗は、電解液のみが存在する場合に比べて少なくとも5倍程度の大きな値となる[6)]。濡れ性が十分であっても、セパレータの空隙率や迷路係数などの構造因子が影響し、このような値となる。電解液のみのイオン伝導の抵抗($R_{electrolyte}$)に対するセパレータを介したイオン伝導の抵抗($R_{separator}$)の比($R_{separator}/R_{electrolyte}$)はマクミラン(MacMullin)数と呼ばれる。この値はガーレー数と相関があり、電池の入出力特性を決める上で重要な指標となる。ハイブリッド自動車や電動工具などの高い出力を要する電池には、マクミラン数の小さなセパレータが適している。

2.5 機械的強度

円筒型や角型の一般的な電池は、捲回式と呼ばれる方式で組み立てられる。セパレータを介して正極と負極のシートを巻き取る方式であり、量産性に優れている。巻き取りは一定以上の引張圧力がかけられた状態で行われるため、セパレータにはある程度の引張強度が求められる。USABCの指標によれば、1,000 psiの圧力がかかった状態で変形が2%未満であることが望ましいとされている[1)]。構造に異方性がある一部のセパレータでは、引張強度も異方性を示す。そのため、巻き取り方向とそれに直行する方向の引張強度は区別して取り扱われ、捲回機を用いる工程では、巻き取り方向の引張強度が特に重視される。

また、ある程度大型の電池は、積層式と呼ばれる方法で組み立てられる。電極シートとセパレータをそれぞれ規定の大きさに切断し、交互に積層する方式

である。スマートフォンやタブレット型の PC に搭載されているパウチ式の電池であり、捲回式の電池と比べて形状の自由度が高い。体積当たりの表面積を大きくすることが可能であり、大型電池で問題となる放熱が容易である。この方式では、セパレータに大きな引張圧力がかからないため、工程上問題ない範囲の引張強度があればよい。

一方、いずれの場合も、セパレータが電池内に組み込まれると、機械的強度は厚み方向が重要となる。電極を構成する粒子材料、あるいは不均一な電流分布や過充電によって生成するリチウムデンドライトが貫通しないよう十分な強度が求められる。この強度は穿刺強度と呼ばれ、25.4 μm の厚みのセパレータを用いたときに 300 g 以上の貫通加重に耐えることが必要とされている[1]。

電池の充放電を繰り返すと、電極に亀裂が生じたり、電極を構成する活物質粒子に割れが発生したり、不可逆な変化が起こる。その結果、セパレータに加わる応力は非常に複雑になる。局所的な応力の集中は電極設計の問題でもあるが、大型電池は長期に使用される前提にあり、このような状況にも十分に対応できるだけの機械的強度がセパレータに求められる。また、電池が充電されると、正極はより貴な電位になり、負極はより卑な電位になる。したがって、正極に接する面は耐酸化性に優れ、負極に接する面は耐還元性に優れていなければならない。充電時の電解液の分解によって生じるラジカル種に対しても安定であることが求められる。

2.6 熱的寸法安定性

リチウム二次電池の特性は水分の混入によって大きく損なわれる[7]。したがって、電池の製造工程は、上述の捲回や積層の工程を含め、水分が極力混入しないよう配慮されており、電極だけでなくセパレータも十分に乾燥したものを用いなければならない。しかし、現在主流のポリオレフィン系セパレータは加熱による収縮が起こりやすく、乾燥条件の精密な制御が必要である。例えば、120 ℃ で 10 分間保持すると、ポリエチレン製のセパレータは 10 % も収縮してしまう[8]。このような変形は空隙の減少と孔の変形を引き起こすため、期待す

るセパレータ特性が得られなくなる。熱収縮に関する一般的な要求特性は、90℃で60分間保持した場合の収縮が5％未満であることとされている[1]。

この熱収縮は一方でシャットダウンと呼ばれるセパレータの機能化に用いられている。何らかの原因で電池が内部で微短絡すると、局所的な異常発熱につながる。シャットダウンとは、その熱でセパレータの微多孔が閉塞し、正極－負極間が絶縁され、電池の熱暴走が防止される仕組みである。特徴が似ていることからヒューズ機能とも呼ばれ、電池の安全性の確保に大きく貢献している。しかし、異常発熱の熱量が多いと、シャットダウン後にセパレータは溶融し、機械的強度を失うため、さまざまな箇所で短絡が起こる。その結果、より大きな電流が流れて電池は熱暴走してしまう。

この問題を回避するため市販のセパレータでは、熱的特性の異なる2種類の樹脂を組み合わせ、シャットダウン機能と機械的強度の両立が図られている。シャットダウン機能を担うポリエチレン微多孔層と機械的強度を担うポリプロピレン微多孔層を組み合わせた2層あるいは3層の多層構造からなるセパレータが広く用いられている。

図2は電池を加熱したときの抵抗変化を示したものである[9]。ポリエチレン

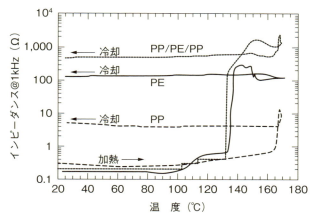

図2　各セパレーターのシャットダウン特性
（LiCoO$_2$正極とグラファイト負極を用いた電池の抵抗変化）

製のセパレータを用いた場合、電池の抵抗は約135℃で3桁増加する。この温度はポリエチレンの融点付近であり、シャットダウンで微多孔が閉塞したことを反映している。シャットダウン機能が効果的に働くためには、3桁以上の抵抗増加が必要とされている。同様にポリプロピレン製のセパレータでも温度上昇に伴って抵抗の増加が認められるが、その温度は約165℃であり、ポリエチレン製のセパレータに比べて30℃ほど高い。電極材料の種類にも依存するが、電池の過熱がポリスチレン製のセパレータが閉塞する温度まで進むと、熱暴走に近い状態となり危険である。すなわち、電池の熱暴走を防ぐためには、なるべく低い温度でシャットダウン機能が働くことが求められる。ポリエチレン微多孔層とポリプロピレン微多孔層を組み合わせた多層構造のセパレータでは、ポリエチレン微多孔層が約135℃でシャットダウン機能を発現して溶融したとしても、セパレータの強度と形状は、温度がさらに30℃上昇するまでポリプロピレン微多孔層によって維持される。そのため、より高い安全性が実現される。

　小型のリチウム二次電池であれば、このような多層構造のセパレータを用いることで、実用上問題がない範囲で安全性を確保できる。しかしながら、自動車用途に代表される大型の電池では、内部で微短絡が起こった際の発熱量が大きいため、より耐熱性の高い材料でセパレータの形状維持を図ることが望ましい。

　例えば、無機フィラー層の形成は、すでに実用化されている方法の一つである[10]～[15]。無機フィラーとバインダーを混合し、セパレータ上に塗布する方法である。金属アルコキシドに代表される無機フィラーの前駆体を用いる方法もある。これらの方法は簡便で適用範囲が広く、さまざまなセパレータの熱的寸法安定性の改善に有効である。フィラーとしては、アルミナ、シリカ、ジルコニア、チタニア、マグネシアなどの酸化物が一般的であり、バインダーとしては、ポリフッ化ビニリデンが主流であるが、より耐熱性に優れたアラミドなどの樹脂の適用も検討されている[16]。

　酸化物フィラーは親水性で電解液との親和性に優れるため、フィラー層の形

成はセパレータの濡れ性や保液性の改善にもつながる。しかし一方で、電池内へ水分が混入する原因ともなり得るため、シリカなどの親水性が強いフィラーを用いる場合は注意が必要である。これまでの検討で、マグネシアを用いた場合に特に良好な結果が得られることが報告されている[10],[17]。

　無機フィラーの適用は、セパレータの耐酸化性や耐還元性を高める方法としても注目されている。一般に用いられているポリオレフィン系セパレータは、正極の高電位にさらされると脱水素反応によって徐々に炭化され、少なからず電子伝導性を示すようになる。つまり、電池が内部短絡しやすい状態となり、非常に危険である[18]。無機フィラー層があると、セパレータは正極と直接接触しないため、炭化が起こる確率は格段に抑えられる。正極上にフィラー層を塗布した場合も同様の効果が得られることが検証されている。

2.7　コスト

　無機フィラーによる修飾はセパレータ特性の向上につながるが、セパレータの製造工程にフィラーの塗布工程が加わるため、コスト高になる欠点もある。電池コストに占めるセパレータの割合は大きく、特に高安全性セパレータの使用が求められる出力密度の大きな電池では20％を超える。電池の低コスト化を図る上で、セパレータのコスト低減は大きな課題であり、目標コストは1ドル m^{-2} とされている[1]。

3　セパレータの種類と製造方法

　セパレータは製法により「微多孔膜」と「不織布膜」の二つに大別される。各セパレータは、それぞれ特徴的な構造や熱的、機械的特性を有する。

3.1　微多孔膜

　微多孔膜はサブマイクロメートル以下の微細孔を有する樹脂膜の総称である。前述の通り、現行のリチウム二次電池には、ポリオレフィン製の微多孔膜がセ

パレータとして用いられている。

　微多孔膜の製法には、乾式法と湿式法の2種類がある。乾式法は、基材樹脂を融点以上に加熱してシート状に押出成形し、融点より少し低い温度でアニール処理を行い、基材樹脂の結晶化とその成長を制御した後に、延伸して微多孔膜を得る方法である（**図3**）。溶剤を用いない簡便な方法であるが、結晶構造の形成が必須のため、結晶性の高い樹脂にのみ適用できる製法である。2種類以上の樹脂を混合して用いることも可能だが、その場合も少なくとも1種類の樹脂が結晶性でなくてはならない。

　アニール処理で基材樹脂の一部が結晶化されると、**図4**（a）に示すように押出方向（MD）に対して垂直に結晶が折りたたまれた、いわゆるラメラ構造

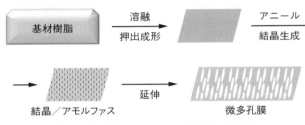

図3　乾式法による微多孔膜の作製工程

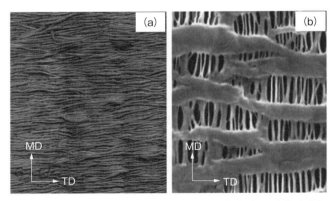

図4　ラメラ構造（a）と延伸処理による微多孔の形成（b）[8]

が形成される[8]。これを押出方向に一軸延伸すると微多孔が形成される。延伸は、ラメラ構造を引き裂いて孔を形成する低温工程と、その孔を大きくするための高温工程の2段階で行われる。後者の高温工程は、内部応力を緩和してセパレータの構造安定化を図る役割も担う。乾式法で作製されたセパレータの微多孔は、ラメラ構造に起因するスリット状となるのが特徴である〔図4（b）〕。

このような異方性の高い構造であるため、セパレータの機械的強度と熱収縮も異方性を示す。機械的強度は延伸方向に対して優れ、ポリオレフィン系の基材樹脂を用いた場合、引張強度は一般に150 MPaを超える。一方、延伸の垂直方向（TD）に対する強度は乏しく、その10分の1程度となる。熱収縮は反対に、延伸方向で大きく、その垂直方向ではほとんど認められない。機械的強度に大きな異方性があると、捲回時にセパレータが切れるなどの問題が発生しやすいため、二軸方向に延伸して異方性を低減したセパレータも開発されている[19],[20]。

微多孔膜のもう一つの製法である湿式法も主な工程は3つである（**図5**）。

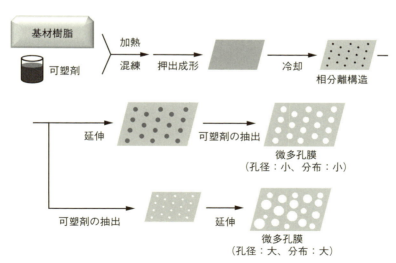

図5 湿式法による微多孔膜の作製工程

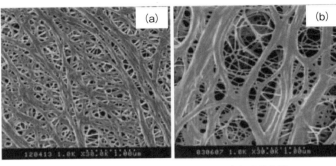

(a) 2成分系　　(b) 3成分系
図6　湿式法で作製された微多孔膜[22]

基材樹脂に可塑剤などの添加剤を加えて加熱しながら均一混合する工程、得られた混合体をシート状に加工する工程、溶剤でシートから添加剤を抽出して微多孔を形成する工程である。可塑剤には、パラフィン油や鉱油などの低分子量の化合物が用いられる。また、これら可塑剤の抽出には塩化メチレンなどの含ハロゲン溶媒が一般的に使用され、可塑剤が抽出された部分が孔となる。

通常は可塑剤の抽出前後にシートの延伸が行われ、セパレータの孔の大きさや空隙率の制御が図られる。延伸は二軸方向で行われることが多く、得られる孔の形状は円形に近いものとなる（図6）[21],[22]。その結果、セパレータの引張強度に異方性は生じず、シートの押出方向とその垂直方向で共に100 MPaを超える強度が実現されている。シートの延伸効果は可塑剤の抽出前後で異なり、抽出工程の前に延伸を行った方が孔が小さく孔径分布が狭いセパレータが得られることが報告されている（図7）[23]。

孔の制御は、無機フィラーを鋳型に用いた方法でも行われる。この方法は、基材樹脂、可塑剤、無機フィラーという3種類の材料を用いることから湿式3成分系と呼ばれ、無機フィラーを用いない湿式2成分系と区別される。孔の大きさや形状をより精密に制御でき、特に大きな孔の形成に有利なため、イオン伝導抵抗の低いセパレータの製造に適している〔図6（b）〕。ポリエチレンにシリカナノ粒子を添加してアルカリ溶解する方法など様々な検討が報告されて

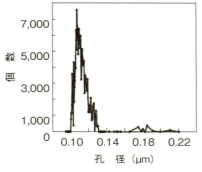
(a) 延伸後に可塑剤を抽出

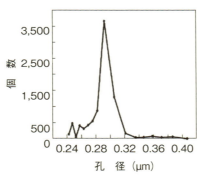
(b) 可塑剤を抽出後に延伸

図7　セパレータの孔径分布[22]

いる[22]。

　湿式法の最大の特徴は、基材樹脂の選択性が広いことである。乾式法には結晶化が可能な樹脂しか適用できないが、湿式法ではさまざまな樹脂を用いてセパレータを製造できる。孔の大きさや分布などセパレータ構造の設計の自由度も高いことから、機能性の高いセパレータを製造できる。その反面、溶剤を用いた可塑剤の抽出やその後の乾燥など製造工程が複雑化するため、乾式法に比べてプロセスコストは高くなる。

3.2 不織布膜

不織布膜は、水系電解液を使用する従来の二次電池で広く使用されているセパレータである[21]。安価で60％を超える高い空隙率が特徴であり、セルロースを基材に用いたものが一般的だが、ポリオレフィン系やフッ素系樹脂などさまざまな基材でも製造可能である。

不織布膜の製法にも乾式法と湿式法がある。乾式法は、エアレイと呼ばれる空気流やカードと呼ばれる機器で原料となる短繊維（100 mm程度）を並べ、不織布膜を製造する方法である。一方、湿式法は、紙漉きと同様に、水に分散されたごく短い繊維を網状のシートで漉き上げる方法である。いずれの方法でも、接着性の繊維を添加しておき、最終的に熱的あるいは機械的処理を行って繊維同士を接着し、膜としての機械的強度を確保する。

不織布膜の孔径は数十μmと大きく、数μmのデンドライト析出が問題視されるリチウム二次電池では内部短絡の危険性があるため用いられてこなかった。しかし、デンドライト析出は、あくまでリチウム金属の析出電位近傍で充電されるグラファイト（～0.1 V vs. Li/Li$^+$）を負極に用いた場合に起こる問題であり、より貴な電位で充電される他の材料を負極に用いれば問題とならない。例えば、チタン酸リチウム（1.55 V vs. Li/Li$^+$）が負極であれば、充電時の過電圧が大きな場合でもデンドライト析出の懸念はなくなる。

チタン酸リチウムは充放電に伴う体積変化が極めて少ないという特徴もあり、セパレータに不織布膜を使用できる負極材料の一つである。この負極材料と不織布膜の特徴を活かして、大電流で高速充放電が可能な安全性の高い電池が開発されている[24]。

一方で、製法自体を改良し、リチウム二次電池に適した不織布膜を作製する試みも行われている。エレクトロスピニング法は、電場の力を利用したナノファイバーの紡糸法であり、従来の製法に比べて目開きの小さな不織布膜の作製が可能である（**図8**）[25],[26]。紡糸ノズルと捕集部の間に高電圧を印加して樹脂の溶液を吐出し、捕集部に至るまでに溶媒が蒸発して繊維が得られる仕組みである。印加電圧や溶液の濃度、あるいは塩の添加などによって繊維径は制御

セパレータ

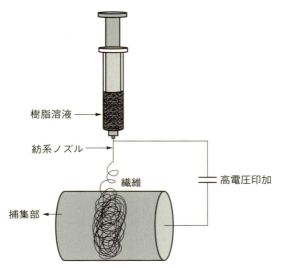

図8　エレクトロスピニング法の概略図[26]

され、ポリアクリロニトリル、ポリイミド、ポリフッ化ビニリデンを用いたセパレータの開発が進められている。

　エレクトロスピニング法で紡糸されたナノファイバー間は基本的に結合されていないため、成膜された不織布膜をそのままセパレータとして用いると、ナノファイバー間に電解液が入り込み、不織布膜が膨らんでしまう。そのため、ファイバー間を結合するための熱的あるいは機械的処理を施すのが一般的である。溶液を準備できれば原理的にどのような樹脂であっても紡糸できるため、2種類以上の樹脂を混合したものや無機粒子の前駆体を加えたものなど応用範囲は広い。大面積でエレクトロスピニングを行う場合は多くの紡糸ノズルが必要となるため、量産に向かないことが指摘されていたが、近年の研究開発でノズルフリーの新しい方法も提案されている[27]。

4 次世代セパレータの研究開発と展望

4.1 セパレータ材料の新展開

　ポリオレフィン製の微多孔膜は、リチウム二次電池のセパレータとして実績があるものの、熱的な寸法安定性に乏しいため、今後開発が活発化するより大型の次世代電池に必ずしも適するとは限らない。不足する特性を補うために、無機フィラー層の形成などさまざまな補強が行われているが、それらを凌駕する特性が求められる可能性が高い。

　現行の自動車用リチウム二次電池は、安全性を優先しエネルギー密度を抑えて設計されている。次世代のリチウム二次電池では、エネルギー密度はより高く設定され、より高速な充放電にも対応することが求められる。そのような電池で内部短絡が起こった場合、放出されるエネルギー量も大きくなるため、セパレータに求められる特性はより厳しいものとなる。USABCの指標によれば、次世代リチウム二次電池でセパレータに要求される熱的安定性は200℃以上とされているが、形状が変化しないものが理想的である。

　このような要望に応えるセパレータとして、無機物含有型のセパレータがある。表面に無機フィラー層を形成するのではなく、セパレータの基材自体に無機フィラーを組み込んだものである。微多孔膜だけでなく不織布膜でもこのようなセパレータが開発されている[28)～31)]。無機フィラーを含有することで熱的な寸法安定性は格段に向上し、電解液に対する濡れ性や保液性も改善される。また、樹脂に比べて無機フィラーは熱伝導性が良いため、電池内部の熱分布を均一化する働きもある。大型電池では熱分布の緩和が特に重要であり、その要望にかなった特性といえる。穿刺強度も向上するため、内部短絡の防止にも効果的である。

　無機フィラーによってもたらされる優れた特性に着目し、完全に無機材料からなるセパレータの開発も進められている[32)]。当初は、伸びがなく割れやすいことから、実用性に乏しいと考えられてきたが、研究開発が進み、それらの問題が徐々に解決されてきている。例えば、アルミナのナノファイバーから構成

された柔軟性に富む無機セパレータが報告されており、今後の発展が期待される[33]。

ただし、無機材料は根本的に比重が大きいという欠点を有する。例えば、10 vol.％のアルミナを添加した場合、空隙率40％のポリエチレン製セパレータは重量が約1.3倍に増加してしまう。定置用途であればそれほど問題とならないが、自動車用途では体積当たりのエネルギー密度と同様に重量当たりのエネルギー密度も高いことが望まれる。そのため、電池の重量が増加しないよう薄膜化できることが求められる。

これらの動きと平行して、より熱的、機械的に優れた特性を有する樹脂をセパレータ基材に用いる検討も活発である。特にエンジニアリングプラスチックと呼ばれるポリイミドやポリアミドが注目されており、住友化学や帝人がこれらの基材を用いたセパレータの開発を進めている。

4.2　セパレータの構造制御

熱的寸法安定性などセパレータの基礎物性の向上は確かに大切であるが、それ以上に電池内の反応分布を最小限に抑え、短絡や劣化の原因を作らないことが基本的に求められる。大型電池では、小さな電流分布が大きな問題の引き金となるため、この取り組みは特に重要である。電流分布を生じる原因の一つはセパレータにあり、より均一な構造を有するセパレータの開発が求められている。

図9は三次元的に規則配列した孔を有するセパレータである。球状粒子の規則配列構造を鋳型とし、基材にポリイミドを用いて作製されたセパレータである。空隙率は約74％と非常に高い値が実現されている。このような規則構造を形成すると、大電流で充放電を行ってもデンドライトができにくいことが明らかにされている。

図10はリチウム金属の対称セルで溶解析出試験を行った結果である。現行のポリプロピレン製セパレータでは、溶解析出を1サイクル行っただけでデンドライトの析出が認められるのに対し、規則構造を有するポリイミドセパレー

第Ⅱ部　部材編

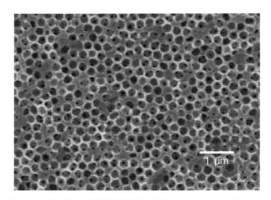

図9　三次元的に規則配列した孔を有するセパレータ

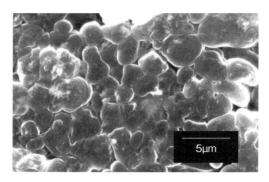

図10　サイクル試験後のリチウム金属表面

タでは、リチウム金属は粒状の析出形態をとり、デンドライトとならない。セパレータの構造制御によって均一な電流分布を実現し、デンドライト析出を抑制した例である。すでに数千サイクルの溶解析出を繰り返しても安定に動作することが実証されている。このようなセパレータを用いれば、電池の安全性は格段に向上すると期待される。

　また、本結果はリチウム金属を負極に用いたリチウム二次電池の可能性も示唆している。リチウム二次電池のエネルギー密度は限界を迎えつつあり、さらなる高容量化を図るためには、リチウム金属を負極に使用することが求められ

る。これはリチウム二次電池の開発当初からの願いであったが、デンドライトの析出が問題となり、これまで実現されてこなかった。次世代電池として研究が進められているリチウム空気電池やリチウム硫黄電池など、リチウム金属を負極に用いなければ実現できない多くの電池群もある。

セパレータの研究開発は、リチウム二次電池の大型化や高エネルギー密度化を支えるだけでなく、次世代電池の実現にも大きく貢献するものと期待される。

参 考 文 献

1) USABC 資料 http://www.uscar.org/commands/files_download.php?files_id=194
2) Celgard カタログ http://www.celgard.com/pdf/library/celgard_product_comparison_10002.pdf
3) C. J. Orendorff, T. N. Lambert, C. A. Chavez, M.Bencomo, K. R. Fenton：*Adv. Energy Mater.*, 3 (2013) 314-320.
4) K. Gao, X. Hu, T. Yi, C. Dai：*ElectrochimicaActa*, 52 (2006) 443-449.
5) S.-J. Gwon, J.-H. Choi, J.-Y. Sohn, Y.-E. Ihm, Y.-C. Nho：*Nucl. Instrum. Methods Phys. Res. B*, 267 (2009) 3309-3313.
6) X. Huang：*J. Solid. State, Electrochem.*,15 (2011) 649-662.
7) F. Joho, B.Rykart, R. Imhof,P. Novák, M. E. Spahr, A.Monnier：*J. Power Sources*, 81-82 (1999) 243-247.
8) S. S. Zhang：*J. Power Sources*, 164 (2007) 351-364.
9) G.Venugopal, J. Moore, J. Howard, S.Pendalwar：*J. Power Sources*, 77 (1999) 34-41.
10) P.P. Prosini, P. Villano, M. Carewska：*Electrochim. Acta*, 48 (2002) 227-233.
11) D. Takemura, S. Aihara, K. Hamano, M. Kise, T. Nishimura, H. Urushibata, H. Yoshiyasu：*J. Power Sources*, 146 (2005) 779-783.
12) S. Augustin,V. D. Hennige, G. Horpel, C. Hying：*Desalination*, 146 (2002) 23-28.
13) V. Hennige, C. Hying, G. Horpel, P. Novak, J. Vetter：Patent No. 2006/0078791 (2006).
14) J.-H. Park, J.-H. Cho, W. Park, D. Ryoo, S.-J. Yoon, J. H. Kim, Y. UkJeong, S.-Y. Lee：*J. Power Sources*, 195 (2010) 8306-8310.
15) Evonik SEPARION® http://www.separion.com/
16) 帝人 LIELSORTwww.teijin.co.jp/rd/technology/separator/
17) 吉野彰、佐藤登監修：「リチウムイオン電池の高安全・評価技術の最前線」、シー

エムシー出版 (2014).
18) N.Imachi, H. Nakamura, S.Fujitani, J. Yamak：*J. Electrochem. Soc.*, 159 (2012) A269-A272.
19) X. Wei, C.Haire：Patent No. US 8,795,565 (2014).
20) G. W.Kang, J.-W. Rhee, H. Jung：Patent No. US 8,790,559 (2014).
21) P.Arora, Z. Zhang：*Chem. Rev.*,104 (2004) 4419-4462.
22) H. Yoneda, Y. Nishimura, Y.Doi, M. Fukuda, M. Kohno：*Polym. J.*,42 (2010) 425-437.
23) D. W. Ihm, J. G. Noh, J.Y. Kim：*J. Power Sources*, 109 (2002) 388-393.
24) 東芝 SCiB http://www.scib.jp/
25) 田中政尚、趙泰衡、中村達郎、多羅尾隆、川部雅章、境哲男：Electrochemistry, 78 (2010) 982-987.
26) F. E. Ahmed, B. S.Lalia, R.Hashaikeh：*Desalination*, 356 (2015) 15-30.
27) 谷岡明彦、川口武行監修：「ナノファイバー実用化技術と用途展開の最前線」、シーエムシー出版 (2012).
28) S.S. Zhang, K. Xu, T.R. Jow：*J. Power Sources*, 140 (2005) 361-364.
29) H. Hatayama, H. Sogo：Patent No. WO/2008/035674.
30) 西川聡、大塚淳弘：Patent No. 特開 2011-77052.
31) X. Huang, J. Hitt：*J. Membr. Sci.*, 425-426 (2013) 163-168.
32) H. Xiang, J. Chen, Z. Li, H. Wang：*J. Power Sources.*, 196 (2011) 8651-8655.
33) M. He, X. Zhang, K. Jiang, J. Wang, Y. Wang：*ACS Appl. Mater. Interfaces*, 7 (2015) 8738-742.

バインダー

1 バインダーの新たな機能の開発

　リチウムイオン電池の電極材料においてバインダー（結着剤とも呼ぶ）とは、活物質粒子同士あるいは活物質と導電剤、集電体を接着させる糊のようなものである。

　図1は、後述のポリアクリル酸系バインダーを用いて作製したシリコン／黒鉛合剤負極の表面の走査型電子顕微鏡画像を示す。球状のシリコンナノ粒子（または導電剤の炭素微粉末）および鱗片状の黒鉛粒子が見られる。この電極にはバインダーが10％程含まれているが、この顕微鏡写真から直感的にその存在を意識する人は少ないであろう。そもそもバインダーは電池の充放電過程において、それ自体は電気化学反応には関与せず、また絶縁性であるため、長年、電池の材料研究においては脇役としての扱いがほとんどであった。バイン

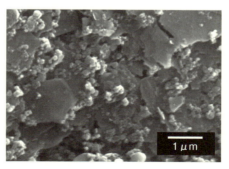

図1　ポリアクリル酸系バインダーを使用したシリコン／黒鉛合剤負極表面の顕微鏡写真

ダー自体は容量を発現しないため、活物質のもつ可逆容量を最大限に引き出すためにはバインダーフリーの電極創製が理想である。

　しかし最近になり、新たな高出力・高容量電池の開発を見据え、活物質と集電体の導電剤を介した電子移動をスムーズに行うためのそれら電極材料の結着性および分散性の向上と維持を目的としたバインダーの系統的な研究が多くなされている。特に図1に示したような合金系活物質（シリコンやスズ）を含む合剤電極においてはバインダーがキーマテリアルであり、活物質が本来もっているポテンシャルを十分に引き出すための重要な因子であることが広く認識されるようになった。さらには後述するように、バインダー自体が電極表面においてリチウムイオンの脱溶媒和を促す疑似的なSEI（Solid Electrolyte Interphase：固体電解質界面）として働き不動態促進効果があることが見出されており、新たな電極機能を付与しうる「機能性バインダー」が提唱されている[1]。

2　電極製造工程におけるバインダーの役割

　リチウムイオン電池の電極は、正極・負極活物質の粉体（市販品の粒径は主にマイクロメートルサイズ）と、電気伝導性の付与を目的とした少量の炭素微粉末（導電剤）から成る。これらの電極材料を集電体である銅またはアルミ箔上に厚み0.1～0.2 mm程度で塗工し、電極活物質合剤層を形成させる。ここで均一な合剤層を形成させるため、まず活物質を含む粉末とバインダーである高分子材料を適当な分散媒を加えつつ混ぜて、スラリーを作製する。

　次に、得られたスラリーを集電体箔上に均一に塗布・乾燥し、その後、プレスし、電池を組み立てる。この時、懸濁液であるスラリーの粘性や塗布・乾燥条件が活物質の電池特性に大きく影響する[2]．

　一般にバインダーは電極合剤に重量比で2～10％添加し、①活物質同士の結着および集電体へ接着・固定化の役割に加え、②電解液への不溶性（低膨潤性）、③電気化学的な安定性、④耐アルカリ・酸性、⑤電池製造中に活物質層が剥離

しない適度な柔軟性や折り曲げ強度を有すること、など多くのファクターが求められる。

③は特に電気化学的な耐酸化性についてであり、電池の高エネルギー化を図るために高電圧作動した時に重要で、高電位状態の正極のバインダー高分子に高い化学的安定性が求められることを意味している。

また、④に関しては、例えば、特に正極材料では原料に多く用いられるリチウム水酸化物が活物質に残存、混入した場合、スラリー作製時に微量な水分と水酸化物が反応することで強アルカリ性を示し、バインダーの高分子構造を破壊することがあるためである。

図2に研究室レベルにおけるリチウムイオン電池電極の実際の調製工程の一例を示す。正極または負極の活物質、カーボン系導電剤、バインダー高分子に適当な分散媒を加えてよく混合することによりスラリーとする。この時、ドライミキシング（乾式混合）やウェットミキシング（湿式混合）といったミキ

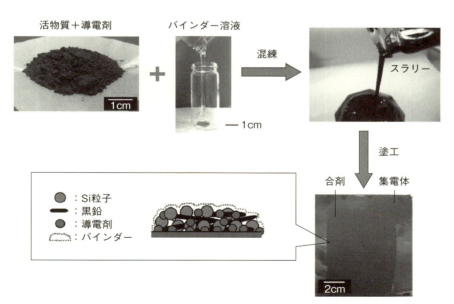

図2　合剤スラリーの作製と電極の模式図（例：シリコン・黒鉛合剤負極）

シング方法の選択が必要であり、用いるバインダー高分子の種類の違いや製造の規模（研究室レベルか、工業的大量生産か）に合わせて選択する。また、合剤電極では活物質と導電剤の粒子分散性を高めて電極全体の抵抗を均一かつ十分に下げることが電池性能を大きく左右するため、使用する材料により適切なミキシング法を選んで均一に分散した電極材料を得ることが求められる。

作製した電極材料スラリーは集電体金属箔上に一定の厚みで均一に塗工され、溶剤を蒸発させて乾燥した後に打抜き、電極として成形が行われる。

3 バインダー材料の現状

一般的な現行バインダーを**図3**に示す。正極には主にポリフッ化ビニリデン（PVDF）、負極にはPVDF、また近年ではスチレンブタジエンゴム（SBR）のラテックス（ゴム粒子が水溶液中にコロイド状に分散した乳濁液）とカルボキシメチルセルロースナトリウム塩（CMC）の混合バインダー（SBR/CMC）が使用されている。

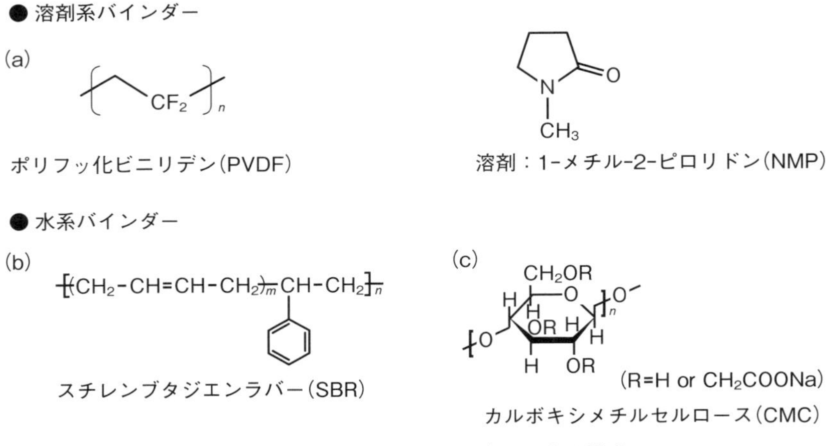
● 溶剤系バインダー
(a)
CF2
n
ポリフッ化ビニリデン(PVDF)
N
O
CH3
溶剤：1-メチル-2-ピロリドン(NMP)
● 水系バインダー
(b)
CH2-CH=CH-CH2 m CH-CH2 n
スチレンブタジエンラバー(SBR)
(c)
CH2OR
H
O
O
H
n
OR
H
O
H
H
OR
(R=H or CH2COONa)
カルボキシメチルセルロース(CMC)

図3　典型的な現行バインダーの分子構造
実際のバインダーでは、重合度、重合規則性、枝分かれ構造、架橋構造なども電池特性を左右するため、同じ単量体を使った高分子であってもバインダー機能に違いがある。

バインダーを分類する場合、合剤スラリー調製時の分散媒の種類の違いにより、溶剤系（非水系）バインダーと水系バインダーに大別され整理されることが多い。上記のPVDFは代表的な溶剤系バインダーであり、SBR/CMCは水系バインダーである。以下では、溶剤系、水系それぞれのバインダーの種類と特徴、電池特性に与える影響を紹介していく。

3.1 溶剤系バインダー

溶剤系バインダーとして、PVDF、ポリベンゾイミダゾール、ポリイミドなどが知られている。特にフッ素系ポリマーのPVDFはバインダーとして市販のリチウムイオン電池にいち早く導入された経緯があり、正極・負極問わず基礎研究用途でも広く使用されている。また、その分子構造や物性についての詳しい調査も進められてきた。現在も正極用バインダーとして実用電池において最も一般的に使用されている。

PVDFは水に不溶であるが1-メチル-2-ピロリドン（NMP）に溶解するため、電極材料との混合調製（スラリー化）する際の分散媒としてNMPが溶剤として広く使用されている。PVDFは電気化学的に優れた耐酸化性を有し、また分子量や官能基の制御などにより機能性の設計がなされ、幅広く電極合剤へ適用され電池特性の向上に寄与してきた。PVDFは極性有機溶媒には溶解しうるが、リチウムイオン電池の電解液には室温でほとんど溶解しない。これはリチウムイオンが電解液中で溶媒和しているためであるとされる。また、溶剤系ではリチウムイオン電池の大敵である水分の混入リスクが低いという利点を有している。

一般に固体のPVDFは結晶化領域と非晶領域が混在している。非晶部はゴムのような性質を有し、一方、結晶部は脆いが硬いという性質に寄与している。硬すぎると電池製造時に電極を折り曲げることで電極層が集電体から剥離することがあり、PVDFではその非晶部の存在が電極としての加工性の向上につながっている[2]。

一方でPVDFは、スラリーが強アルカリ性となると（例えば上述のような

水酸化物原料の残存時に起こり得る)、脱フッ素化を起こして結着性能が低下するだけでなくスラリーのゲル化を生じるなどの問題がある。そのため、$LiNiO_2$ のような塩基性の強い活物質でスラリーを作る際には極力水分の混入を避ける必要がある。

また、一般的に PVDF バインダーは高温（>50℃）で電解液への溶解が進行する。これは、小型機器などの一般的な民生用途では電池の過度な発熱時において電極反応を抑制（停止）させ安全性向上に寄与しているといったメリットもあるが、反面、それは高温状態に常時さらされる自動車用途には不適であるという向きや、また分散媒である NMP の人体および環境に対する有害性や、その高コストな側面から電池メーカーにおいても水系バインダーへのシフトが進んでいる。

3.2 水系バインダー

近年、市販のリチウムイオン電池の 90 ％で負極に水系バインダーを使用しているという報告もある[3]。水系バインダーではバインダー高分子の粒子が水に分散している状態であり、多くの場合、増粘剤の水溶性高分子（CMC など）と併用される。

正極用水系バインダーとしては、樹脂系で耐酸化性に優れ電解液の膨潤性が低いポリテトラフルオロエチレン（PTFE）バインダーが広く知られている。しかし、PTFE はバインダーとしては非常に硬く柔軟性に欠け、またスラリー調製が難しいといった欠点もある。一方でゴム系の SBR を含む SBR/CMC バインダーは、柔軟性があり電極密着性に優れる。また、上記のフッ素系バインダーに比べ一般的に電極材料の分散性に優れる傾向がある。しかし正極に適用すると、SBR などの不飽和結合をもつものは耐酸化性が低く、電解酸化によるバインダーの分解が問題となることが多い。

このような理由から、水系バインダーは、主に黒鉛負極用として利用されている[4]が、負極用バインダーとしての実績をもとに、最近は正極用バインダーとしての設計も進められている。例えば、次世代の高出力・高容量電池用正極

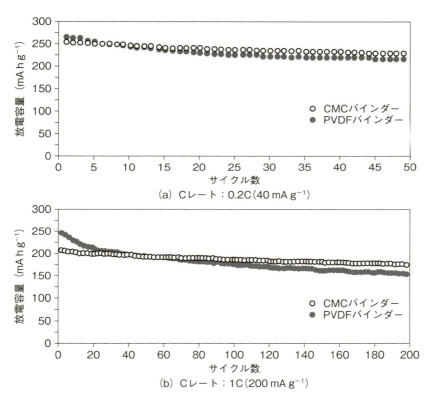

図4　CMC および PVDF バインダーにより作製した $Li[Li_{0.2}Mn_{0.56}Ni_{0.16}Co_{0.08}]O_2$ 電極の特性
(出典) J. Li ら：J. Power Sources, 196, 7687 (2011)

活物質として研究されているリチウム過剰系正極への水系バインダーの適用が検討されている。**図4**は、CMCをバインダーに用いて作製したリチウム過剰系正極の充放電サイクル特性（電位範囲：2.5〜4.8 V vs. Li/Li^+）を示している[5]。PVDFバインダーにより作製した電極と比較すると放電容量がわずかに小さいが、サイクル特性の向上が見られる。しかし、CMC単独では硬く、柔軟性に欠けた性質であるため、実際の電池製造プロセスにおいてはやはりSBRなどのエラストマーとの混合バインダーを使用することが望ましく、これまでに作動電圧の低いオリビン型リン酸鉄リチウム正極 $LiFePO_4$ に対して適用し、

電池特性が向上することが報告されている[6]。

今後は、水との混合時にLi/Hイオン交換によってアルカリ性を示す正極活物質〔$LiNiO_2$などNi（III）を含む層状酸化物など〕にも使用可能な水系バインダーの開発をはじめ、多様性に富む正極活物質のそれぞれの個性に適応したバインダー設計が進むことで水系バインダーの正極への適用もより一層拡大していくと予想される。

3.3 $LiCoO_2$正極用ラテックス系バインダー

$LiCoO_2$正極は、容量と寿命を両立させるために充電時の上限電圧は〜4.2 V（対Li基準。以下、同様）程度で充放電が行われ、平均作動電圧は3.7 Vとなる。この電位範囲では構造中に含まれるリチウム量の半分程度しか充放電に用いておらず、電池の大容量化、高エネルギー密度化を図るためには、充電電圧をさらに引き上げればよい。しかし、一般的に上限電圧〜4.5 Vの高電圧条件下でサイクルを繰り返すことで$LiCoO_2$から電解液中へコバルトが溶出し、顕著な特性劣化につながることが報告されている[7]。東京理科大学の駒場らは、このような高電圧条件下において水系バインダーのSBR/CMCを用いて作製した$LiCoO_2$電極が優れた特性を示すことを見出しており[8]、紹介する。

図5は、さまざまなSBR/CMC混合比により作製した$LiCoO_2$電極の上限電圧4.5Vでの初回充放電曲線を示している。SBRの混合割合を増やすに伴って、充電容量の増加および不可逆容量の増加が起きていることが確認できる。また、SBRを混合せずにCMCのみで電極を作製した$LiCoO_2$電極は不可逆容量が小さいものの非常に硬く脆い状態で、電池作製には不向きであった。SBR：CMC＝0.5：1.5の電極は分極が比較的小さく、良好な特性を示している。

次に、各バインダーの安定性を調査するためにサイクリックボルタンメトリーを行った（**図6**）。使用している電極（作用極）は、バインダーと導電剤（アセチレンブラック：AB）を混合することにより作製している。サイクリックボルタモグラムより、PVDFバインダーにより作製した電極、およびSBRを含まないCMCのみをバインダーとして作製したAB電極は、高電位条件下

バインダー

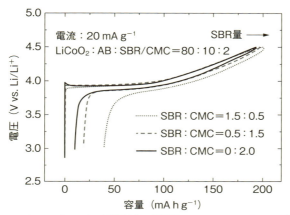

AB：アセチレンブラック（導電剤）、電解液：1M LiPF$_6$ EC/DMC〔1:1(v/v)〕、
対極：金属リチウム

図5 さまざまな SBR/CMC 混合比により作製した LiCoO$_2$ 電極の初回充放電曲線

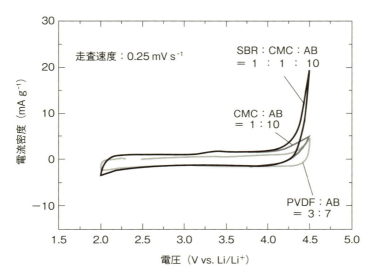

図6 各バインダーを用いた AB 電極（活物質を含んでいない電極）のサイクリックボルタモグラム
電解液：1 M LiPF$_6$ EC/DMC〔1:1 (v/v)〕
対極：金属リチウム

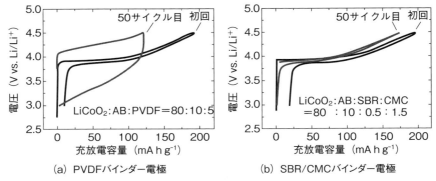

図7 LiCoO₂ 正極の初回および 50 サイクル目の充放電曲線（3.0-4.5V)
AB：アセチレンブラック（導電剤）、電解液：1 M LiPF₆ EC/DMC〔1：1（v/v）〕
対極：金属リチウム

においても大きな酸化電流値は確認されなかった。一方で、SBR/CMC バインダーにより作製した電極は 4.2 V 付近から大きな酸化電流を示した。これは、SBR 中のブタジエンに含まれる二重結合部分が高電圧条件下において酸化されたためと考えられる。このように二重結合部を失った場合、SBR のゴムとしての性質は損なわれる。

図7は、図5において良好な初回充放電特性を示した SBR：CMC＝0.5：1.5 および PVDF をバインダーとして作製した LiCoO₂ 電極において上限電圧 4.5 V でサイクル時の充放電曲線（初回と 50 サイクル目）である。PVDF バインダー電極において 50 サイクル後に分極の増加が顕著で大幅な容量低下が見られるのに対して、SBR/CMC バインダー電極においては分極の増加がなく、顕著な容量低下が確認されなかった（両者ともに初回放電容量はおよそ 180 mA h g⁻¹）。

続いてサイクル特性を図8に示す。50 サイクル後の容量維持率は、PVDF バインダー電極において 64.1 ％を示すのに対して、SBR/CMC バインダー電極においては 96.6 ％と非常に高い値を示した。一方、CMC のみのバインダーの場合は、他の二つと比べて容量の減少が大きいことがわかる。CMC バインダー電極の特性劣化の原因は確かではないが、上述のように電極の硬く脆い特

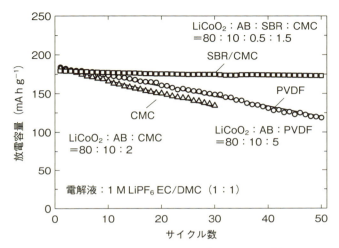

図8 異なる混合比の SBR/CMC バインダーにより作製した LiCoO$_2$ 電極のサイクル特性

徴が影響していると考えられる。

　以上の結果より、SBR/CMC バインダー電極は良好なサイクル特性を示していることがわかる。LiCoO$_2$ は 4.5 V という高電圧条件下では電解液へコバルトが溶解するとされているが[7]、SBR/CMC を用いて作製した電極においては、同条件下においてコバルトの溶解が抑制されていることを示唆する結果であった。

　実際に透過型電子顕微鏡による観察では、サイクルを重ねた後の PVDF バインダー電極から得た LiCoO$_2$ の粒子の表面状態は大きく変化しているのに対し、SBR/CMC バインダー電極から得た粒子の表面形態の変化は小さく、コバルト溶解の抑制効果を裏付ける結果を得ている。

　また X 線光電子分光法による表面解析から、SBR/CMC バインダー電極においては、サイクルを重ねた際に電解質塩（LiPF$_6$）由来のフッ素、リンを含有する物質が LiCoO$_2$ 粒子表面に堆積していくことが確認されたのに対し、PVDF バインダー電極においてはそのような堆積物が確認されなかった。

　この結果より、SBR/CMC バインダー電極においては、この堆積層が不動態

化に寄与することによって $LiCoO_2$ からの Co 溶解を抑制できていると考えられる。この堆積層の違いは、PVDF は結晶性高分子で活物質表面と相互作用が小さいのに対し、SBR や CMC は活物質表面を化学修飾することで電解質塩由来の堆積層の生成を促進したためと推測している。

さらに電解液浸漬後の電極剥離試験より、SBR/CMC バインダー電極は PVDF バインダー電極と比較すると強固な結着性を示した。高電圧作動時には電解液の酸化分解によってガス発生を伴ってバインダーの結着性は低下すると考えられるが、SBR/CMC バインダーを用いることにより電解液浸漬中や高電圧印加時における結着性も改善されたと推測される。

以上のように、同じ活物質であっても SBR/CMC バインダーによってその電極機能が改善され、良好なサイクル特性が得られたと考えられる。

4 ポリアクリル酸系バインダー

近年、車載用を見据えた高出力・高容量活物質の開発や、寒冷地など実際に想定されうる環境下での安定した電池の使用を目指した研究が進むにつれて、バインダーの重要性が議論されることが多くなった。例えばシリコンやスズ系合金負極の場合、充放電時のリチウム吸蔵による大きな体積変化を抑制できる電極構造が必要である。また、後述するように低温でのイオン伝導性に優れるプロピレンカーボネート系の電解液は、通常の PVDF バインダーを用いた黒鉛電極では安定した充放電が行えないという課題が挙げられている。

駒場らは上記の問題に関して、バインダーの選択および設計が重要であることを指摘してきた。なかでもポリアクリル酸系バインダーについて系統的にその機能の優位性を明らかにしてきた。

ポリアクリル酸の構造式を図9に示す。ポリアクリル酸（PAH）は、分子量にもよるが水および NMP などの溶剤に溶解する。また、PAH 水溶液を水酸化ナトリウム（NaOH）などのアルカリにより部分または完全中和したポリアクリル酸ナトリウム（$PAH_{1-x}Na_x$）は水溶性であり、水系バインダーに分類

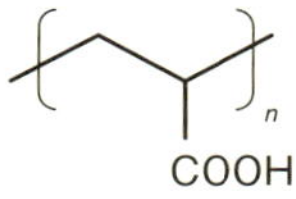

(a) ポリアクリル酸（PAH） 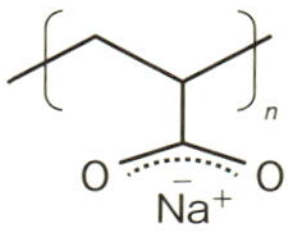　　(b) ポリアクリル酸ナトリウム（PAH$_{1-x}$Na$_x$）

図9　ポリアクリル酸およびポリアクリル酸ナトリウムの構造（x は中和度）

することができる。

4.1　機能性バインダー

固体電解質界面（Solid Electrolyte Interphase：SEI）[9]はリチウムイオンの伝導のみによって電気伝導性を示す数 nm の表面不動態被膜である。一般的に広く使用されている黒鉛負極は、特にエチレンカーボネート（EC）系電解液において、初回の充電中の EC の還元分解によって電極表面に安定した SEI 層が生成することが知られている。SEI は電解液と負極の直接の接触を防ぎ、電極表面におけるさらなる電解液分解を抑制し、黒鉛負極の安定なリチウム充放電を可能にしている。EC は融点が高く（36.4℃）、また粘度が高いために、ジメチルカーボネート（DMC）などと混合させ融点と粘度を下げて用いられることが一般的である。しかし、混合することで誘電率が下がることや、また、例え混合溶媒の場合でも氷点下の環境下で十分に高いイオン導電性を得ることは難しい。

一方で、低温でリチウム塩を十分に溶解できるプロピレンカーボネート（PC、融点 -49℃）は、電池を低温下で作動させるのに有利な溶媒である。しかし、EC 系の場合と異なり、一般的な PVDF バインダーを使用した黒鉛負極と PC を組み合わせると電解液の分解が継続的に激しく起こり、充放電が困難となることが知られている。

図10 に、PVDF および PAH 系バインダーを用いて作製した黒鉛負極の PC 電解液中における初回の定電流充電特性を示す。

PVDF バインダーを用いた電極は、EC/DMC 系においては良好な SEI 被膜

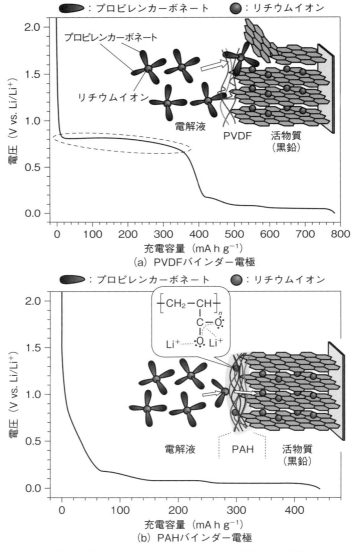

図10 PC電解液中における黒鉛負極の初回充電曲線と溶媒和リチウムイオンの電気化学的挿入反応模式図

電解液：1 M LiClO$_4$ PC、対極：金属リチウム、電流密度：50 mA g^{-1}、黒鉛：バインダー＝90：10（wt%）

が生成しつつ速やかに電位が下がるが、PC電解液では0.8 V付近に不可逆反応に起因する電位平坦部が観察される。これは、電極表面に安定なSEIが形成されないために、図10(a)の挿入図に示すようにPC分子に溶媒和された状態のリチウムイオンが黒鉛に挿入（PCの共挿入）する結果、黒鉛層状構造の破壊（剥離）とPCの還元分解が起こるためと考えられている。PC系において安定したSEIが生成しない原因としては、リチウムイオンに対するPCの溶媒和が安定であることに加え、PC由来の還元生成物のPC電解液中への溶解性等が影響していると推測される。

一方で図10(b)において、PAHバインダーを用いた時は、PVDFバインダーを用いた時に観察された電位平坦部が見られない。PAH系バインダーを用いた電極は非晶質のPAH層が活物質表面を覆って表面被膜となり、リチウムイオンが挿入される際に溶媒和しているPC分子の脱溶媒和を促進してイオンのみを電極に伝導する人工SEIのような役割を担っていると考えられる[10],[11]。すなわち、PAHバインダーに含まれるカルボキシル基の酸素原子がもつ孤立電子対とリチウムイオンがクーロン相互作用すること〔図10(b)挿入図〕によってPCの脱溶媒和が促進されてリチウムイオンのみがイオン伝導すると考えることができる。

PAHだけでなく、酸素原子を有するポリビニルアルコールやポリメタクリル酸メチルをバインダーに用いても同様の特性が得られている[11]。また、通常はSEIが生成しないイオン液体電解液中においても、PAH系バインダーの使用により定常的な充放電が可能となることを見出している[1]。

4.2　次世代型シリコン系負極用ポリアクリル酸系バインダー

リチウムイオン電池のさらなる高容量化に向けて、次世代負極材料として高容量シリコン系材料が注目されている。

シリコン電極を電気化学的に還元するとリチウムシリサイドが生成（合金化）し、室温において黒鉛（理論容量372 mA h g^{-1}）のおよそ10倍の3,600 mA h g^{-1}の理論容量を示す。しかし、充放電による活物質の激しい体積

変化や活物質表面での電解液の分解の影響が大きいために、十分な充放電寿命が得られないことが欠点として挙げられる。充電過程においてシリコンはおよそ3.7倍まで体積が膨張するが、放電によって活物質粒子が収縮すると、粒子が導電剤や集電体から孤立（剥離）するため安定な充放電が困難になる。したがって、シリコン系負極において、電極材料を強固に結着させるバインダーは電池特性改善のキーマテリアルといえる。

シリコン系負極の研究は、薄膜系や銅などの金属被覆系も含め広く検討されているが、実用化の観点から考えると、繁雑な電極調製を一切必要とせず従来の電極製造プロセスを転用でき、コスト面においても大きなアドバンテージをもつシリコン・黒鉛合剤負極が有望と思われる。活物質であるシリコンと黒鉛、また導電剤をより均一に分散させて、合剤層と集電体、または合剤層内をより高い機械的強度で結着できるバインダーの設計と同時に、シリコンの体積変化による電極劣化を緩和する多孔質構造の構築が必要である。

現在までにシリコン/炭素系合剤負極の効果的なバインダーとしては、PAH系バインダー[12]～[14]の他に、CMCバインダー[15]、アルギン酸ナトリウムバインダー[16]などが報告されている。本節では、シリコン/黒鉛合剤負極用の中和型PAHバインダーの設計の一例を紹介する。

PAHは、アルカリ中和によりその高分子の水溶液中におけるコンフォメーションが変化し、物性の制御が可能である。**図11**にPAHの水酸化ナトリウムによる中和度とその粘度の関係を示す。中和初期に粘度が急激に上昇し、完全中和した時では粘度が若干下がることがわかる。未中和PAHは、図11の挿入図に示すように分子内水素結合により凝集した分子構造をもつために高分子溶液の流動抵抗が小さく、水溶液の粘性が低い。一方、PAHを中和していくと、隣接するカルボキシル基が解離して負に帯電するために分子内静電反発によって高分子鎖が徐々に伸びるために水溶液中の流動抵抗が増加して粘性が上昇する。しかし、粘性の最高値を示すのは80％中和された$PAH_{0.2}Na_{0.8}$溶液であることがわかる。これは、残りの20％未解離のカルボキシル基が分子間で水素結合を形成し物理架橋を形成することでポリマー鎖が実質的に長くなる

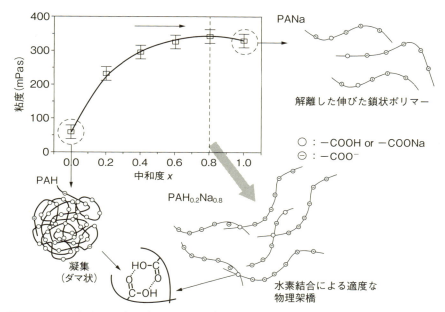

図11　PAH系バインダー（1wt％水溶液）の中和度と粘度の関係、そのコンフォメーションのイメージ

ためと推測される。このようなコンフォメーションの違いは、ポリマー溶液、すなわち合剤スラリーの動的粘弾性特性に大きな影響を及ぼす。

　図12に、これらのバインダーを使用したシリコン/黒鉛合剤負極の表面の走査型電子顕微鏡画像を示す。PVDFは解離性官能基をもたない線状ポリマーであり、主にポリマー鎖の絡み合いにより活物質を接着するが、電極スラリー調製時におけるPVDF/NMP溶液は粘性が低く、活物質の分散性向上には不利である。その結果、作製した電極内には凝集したシリコンや導電剤粒子が多く観察される。PAHバインダー（未中和）の場合も粘性の低さやスラリーのゲル的性質から電極材料の分散性が悪いが、$PAH_{0.2}Na_{0.8}$バインダーでは解離したカルボキシル基の静電反発によってポリマー鎖が伸び、増粘剤や分散剤としての機能を有し、電極粉体材料をスラリー中で均一分散することが可能である。

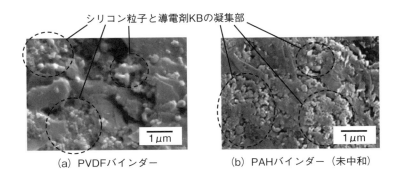

図12　各バインダーを使用したシリコン/黒鉛合剤負極の表面
シリコン：黒鉛：導電剤KB（ケッチェンブラック）：バインダー
＝30：50：10：10（wt.%）

　図13にPAH系バインダーを用いたシリコン/黒鉛負極のサイクル特性の比較を示す。PAH（未中和）バインダーは一般的に広く用いられているPVDFバインダーに比べてサイクル特性が向上することがわかる。そしてPAHをNaOHで部分的に中和していくことにより可逆容量が飛躍的に向上し、80％の中和度で最も良好な特性を示すことがわかる。80％の中和度では伸びたポリマー間で部分的に水素結合による物理架橋も存在するため、活物質を効果的に被覆すると考えられる。
　一方、PANa（完全中和）バインダーの場合はPAH$_{0.2}$Na$_{0.8}$バインダー（80％中和）と同様の優れた電極材料の分散特性を示すが、その可逆容量に関しては、部分中和型のPAH$_{0.2}$Na$_{0.8}$バインダーやPAH$_{0.4}$Na$_{0.6}$バインダーに比べて低下し

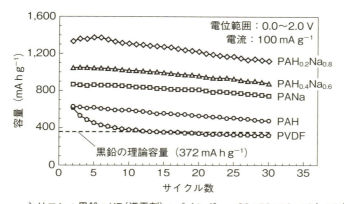

シリコン:黒鉛:KB(導電剤):バインダー=30:50:10:10(wt.%)

図13 NaOHで中和したPAH系バインダーを用いたシリコン/黒鉛負極のサイクル特性

ていることがわかる。これは、中和度の違いにより電極調製時のスラリーのレオロジー特性が変化するため、電極内部の合剤層の構造に影響を与えるためと推測される。特に$PAH_{0.2}Na_{0.8}$バインダーを使用した場合はPANa(完全中和)バインダーの場合に比べて、電極内部が充放電時のシリコンの体積変化を緩衝するのに適した適度な多孔質構造を有していることが電極断面の観察からわかっている[12]。

4.3 シリコン系負極用天然高分子バインダー

最近の興味深いトピックとして、我々に非常に身近な天然高分子をバインダーとして用いたシリコン系負極[17]の電気化学特性を紹介する。

図14に、バインダーとして検討したアミロースとアミロペクチン、さらにグリコーゲンの構造模式図を示す。アミロースとアミロペクチンはデンプンの成分であるため米などの食物に多く含まれている天然多糖類であり、工業的にはデンプン糊としても使用されている。またグリコーゲンはエネルギー源として我々の体内に多く貯蔵されている。アミロースとアミロペクチンは、1,6-グリコシド結合からなる枝分かれ構造の有無が異なる。また、アミロペクチンと

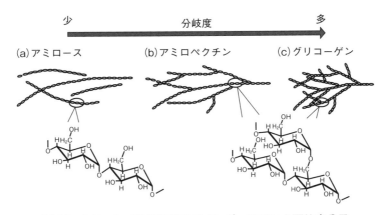

図14 シリコン/黒鉛電極のバインダーに用いた天然高分子

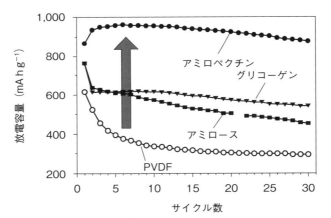

シリコン：黒鉛：導電剤：バインダー＝2：4：1：3
電位範囲：2.0～0.0(Vvs.Li/Li$^+$)電流密度：100mA g^{-1}

図15 天然高分子バインダーを用いたシリコン/黒鉛負極のサイクル特性

グリコーゲンはその枝分かれの頻度（分岐度）が異なり、グリコーゲンはアミロペクチンのおよそ2倍の頻度で枝分かれが存在しているが、それぞれの鎖の長さは短い。

図15にこれらのバインダーを使用したシリコン/黒鉛合剤負極のサイクル

特性を示す。天然高分子をバインダーとして用いるとPVDFバインダーの場合に比べて可逆容量が大幅に向上し、容量維持率も大きく改善されていることがわかる。特に、アミロペクチンを用いた場合は30サイクル後においても約900 mAh g^{-1}の高容量を維持した。したがって、シリコン系電極のバインダーとしてこれら天然高分子、特にアミロペクチンは適していると考えられる。

種々のキャラクタリゼーションから、アミロースは直鎖状で枝分かれのない高分子であり、電極活物質の表面をやや不均一に覆い、材料の分散性が悪い。一方、アミロペクチンは均一なフィルム状であり、さらに枝分かれをもつことで網のように活物質を効果的に被覆できると考えられる。グリコーゲンはさらに多くの枝分かれが存在するが、活物質を被覆するバインダーの層が他より厚くなる傾向が見られ、電極抵抗の増加などが示唆されており、このバランスが良いのがアミロペクチンであると考えられる。

☆　　　　☆

以上のように、リチウムイオン電池の性能向上を見据えた場合、使用するバインダーの選択や設計が非常に重要であることがわかった。新規活物質の開発が進む中で、それらの個々に対応した最適なバインダーが存在する。特に電極活物質の大容量化が進むほどリチウム挿入量も増加して活物質の体積変化も大きくなるため、電極の劣化を抑制するためにバインダーの果たす役割はますます重要になっている。また、バインダーに用いるポリマーのモノマーだけでなく、それらの分子構造（重合度、鎖長、分岐度、凝集状態など）を制御することで、より目的に適ったバインダーを設計することが重要である。

反応の最重要部である活物質について、より理論容量に近く、また高い耐久性を有したパフォーマンスを実現させるべく、使用するバインダーはその注目度が今後さらに増していくと予想され、今後の材料創製における最重要部材の一つとして研究がさらに活発化されると考えられる。

参　考　文　献

1) S. Komaba, N. Yabuuchi, T. Ozeki, K. Okushi, H. Yui, K. Konno, Y. Katayama, T.

Miura : *J. Power Sources*, 195 (2010) 6069-6074.
2) 駒場慎一ら：最先端電池と材料、6章、共立出版 (2012).
3) 脇坂康尋：自動車用リチウムイオン電池、p. 165、日刊工業新聞社 (2010).
4) 例えば、H. Buqa, M. Holzapfel, F. Krumeich, C. Veit, P. Novak : *J. Power Sources*, 161 (2006) 617-622.
5) J. Li, R. Klopsch, S. Nowak, M. Kunze, M. Winter, S. Passerini : *J. Power Sources*, 196 (2011) 7687-7691.
6) A.Guerfi, M. Kaneko, M. Petitclerc, M. Mori, K. Zaghib : *J. Power Sources*, 163 (2007) 1047-1052.
7) G. G. Amatucci, J.M. Tarascon, L.C. Klein : *Solid State Ionics*, 83 (1996) 167-173.
8) 木下、藪内、三崎、松山、駒場：第52回電池討論会、1B07 (2011).
9) E. Peled : *J. Electrochem Soc.*, 126 (1979) 2047-2051.
10) S. Komaba, K. Okushi, T. Ozeki, H. Yui, Y. Katayama, T. Miura, T. Saito, H. Groult : *Electrochem-Solid State Lett.*, 12 (2009) A107-A110.
11) S. Komaba, T. Ozeki, K. Okushi : *J. Power Sources*, 189 (2009) 197-203.
12) Z. J. Han, N. Yabuuchi, K. Shimomura, M. Murase, H. Yui, S. Komaba : *Energ Environ Sci.*, 5 (2012) 9014-9020.
13) Z. J. Han, N. Yabuuchi, S. Hashimoto, T. Sasaki, S. Komaba : *ECS Electrochem Lett.*, 2 (2013) A17-A20.
14) N. Yabuuchi, K. Shimomura, Y. Shimbe, T. Ozeki, J.Y. Son, H. Oji, Y. Katayama, T. Miura, S. Komaba : *Adv. Energy Mater*, 1 (2011) 759-765.
15) N. S. Hochgatterer, M. R. Schweiger, S. Koller, P. R. Raimann, T. Wohrle, C. Wurm, M. Winter : *Electrochem Solid State Lett.*, 11 (2008) A76-A80.
16) I. Kovalenko, B. Zdyrko, A. Magasinski, B. Hertzberg, Z. Milicev, R. Burtovyy, I. Luzinov, G. Yushin : *Science*, 334 (2011) 75-79.
17) M. Murase, N. Yabuuchi, Z. J. Han, J. Y. Son, Y. T. Cui, H. Oji, S. Komaba : *ChemSusChem*, 5 (2012) 2307-2311.

索　引

英　数　字

AB ································· 162
AN ································· 107
BMS ································ 19
BMU ································ 20
CMC ······························· 158
DEC ·························· 53、107
DMC ························· 56、107
DME ······························· 107
DMS ······························· 107
EC ··························· 53、105
EMS ································ 117
FEC ································· 62
HOPG ······························ 55
LiBOB ····························· 119
$LiCF_3SO_3$ ························ 113
$LiCoO_2$ ·············· 4、53、78、162
$LiCo_{1/3}Ni_{1/3}Mn_{1/3}O_2$ ············· 87
$LiFeBO_3$ ························· 91
$LiFePO_4$ ······················· 9、85
Li_2FeSiO_4 ······················ 90
$Li_2FeP_2O_7$ ····················· 90
$LiMnO_2$ ·························· 80
Li_2MnO_3 ························ 88
$LiMn_2O_4$ ························ 80

$LiNi_{1/3}Mn_{1/3}Co_{1/3}O_2$ ············ 8、21
$LiNi_{1/2}Mn_{1/2}O_2$ ···················· 87
$LiNiO_2$ ····························· 78
$LiNi_{1/2}Mn_{3/2}O_4$ ···················· 92
$LiPF_6$ ························ 52、104
MCMB ································ 55
PAH ···························· 166、170
PC ····························· 54、105
PTFE ································ 160
PVDF ···························· 56、158
SBR ································· 158
SEI ················ 17、61、116、156、167
SHE ································· 52
SL ·································· 107
THF ································· 107
VC ······························ 62、116
VEC ·································· 62
VGCF ································· 55
Walden プロット ···················· 126
4–TB ································ 117

あ　行

アミロペクチン ···················· 173
アミロース ························ 173
アルオード石型ナトリウム硫酸鉄
　································· 94

アルキルリン酸エステル………122
安全性………………………23
イオン液体……………105、125
イオン性………………………126
インダクタンス成分…………33
インバーター…………………32
エネルギー回生………………36
エネルギー変換効率…………26
エネルギー密度………………21
エレクトロスピニング法……148
オリビン型化合物……………84

か　行

可逆容量………………………56
加速度…………………………46
ガソリンエンジン……………27
活物質…………………………2
カーボンブラック……………55
ガーレー数……………………137
還元電位………………………107
乾式法……………………144、148
気相成長炭素繊維……………55
機能性バインダー………156、167
空気抵抗………………………43
駆動力…………………………46
グリコーゲン…………………173
ゲル電解質……………………124

高電圧発生正極………………92
高配向性熱分解黒鉛…………55
黒鉛………………4、52、56、155
コークス………………………74
固相酸化還元…………………2
転がり摩擦抵抗………………42

さ　行

酸化電位………………………107
酸素酸塩化合物………………82
湿式法……………………145、148
シャットダウン………………141
寿命………………………17、24
シリコン……………155、169、173
人造黒鉛………………………54
水系バインダー………………160
スピネル型マンガン化合物……80
正極………………2、52、78、102
セパレータ………………7、134
遷移金属複合型層状化合物……86
層状岩塩型化合物……………78

た　行

脱溶媒和…………………3、61
単粒子測定法…………………9
抵抗……………………………42
ディーゼルエンジン…………27

電位窓 107
電解質 2, 52, 102
電気駆動システム 32
電気自動車 39
デンドライト析出 60, 136
天然黒鉛 54
導電剤 156
登坂による抵抗 44

な 行

内燃機関 26
内部抵抗 68
ナトリウムイオン電池 93
難黒鉛化性炭素 54, 65
濡れ性 138

は 行

ハイブリッド自動車 21, 31
バインダー 6, 13, 155
ハードカーボン 54, 65, 74
微多孔膜 143
標準水素電極 52
不可逆容量 15, 56
負極 2, 52, 102
不織布膜 148

フッ素化エステル 122
フッ素化エーテル 122
プラグインハイブリッド自動車 39
ポリマーゲル電解質 104
ポリマー電解質 104

ま 行

マクミラン数 139
無機物含有型セパレータ 150
メソカーボンマイクロビーズ 55
モーター 32

や 行

誘起効果 83
有機溶媒電解液 105
溶剤系バインダー 159
溶媒和 3, 61, 111, 130
溶融塩電解質 105
容量密度 5

ら 行

リサイクル 24
リチウムイオン 2
リチウムイオン電池 2, 20
リチウム過剰層状化合物 88

ハイブリッド自動車用リチウムイオン電池

NDC572.12

2015年3月26日　初版1刷発行　　　　　定価はカバーに表示してあります

　　　　　　　　　　Ⓒ　編著者　　金　村　聖　志
　　　　　　　　　　　　発行者　　井　水　治　博
　　　　　　　　　　　　発行所　　日　刊　工　業　新　聞　社
　　　　　　　〒103-8548　東京都中央区日本橋小網町14-1
　　　　　　　電　　話　　書籍編集部　03-5644-7490
　　　　　　　　　　　　　　販売・管理部　03-5644-7410
　　　　　　　　　　　　　　FAX　　　　　03-5644-7400
　　　　　　　　　　　　　　振替口座　　00190-2-186076
　　　　　　　　　　　　　　URL　http://pub.nikkan.co.jp/
　　　　　　　　　　　　　　e-mail　info@media.nikkan.co.jp

　　　　　　　　　　印刷・製本　　美研プリンティング㈱

落丁・乱丁本はお取り替えいたします。　　2015 Printed in Japan
　　　　　ISBN 978-4-526-07387-8

本書の無断複写は、著作権法上の例外を除き、禁じられています。